皮革做
動物花鳥小雜貨

書衣、包包、各種小飾品……

內田瑞惠　廣畠裕子　上野弘

leather、suede、fur

皮革做動物花鳥小雜貨 書衣、包包、各種小飾品……

目錄

collaborate with lace & beads

結合蕾絲、串珠…4～25

design by Mizue Uchida 內田瑞惠設計

decoration by stitch & applique

利用刺繡及貼布裝飾…28～43

design by Yuko Hirohata 廣畠裕子設計

兔毛包包

作法 » 60頁

柔和風味的斜背包
配上給人幸福感的兔毛上蓋

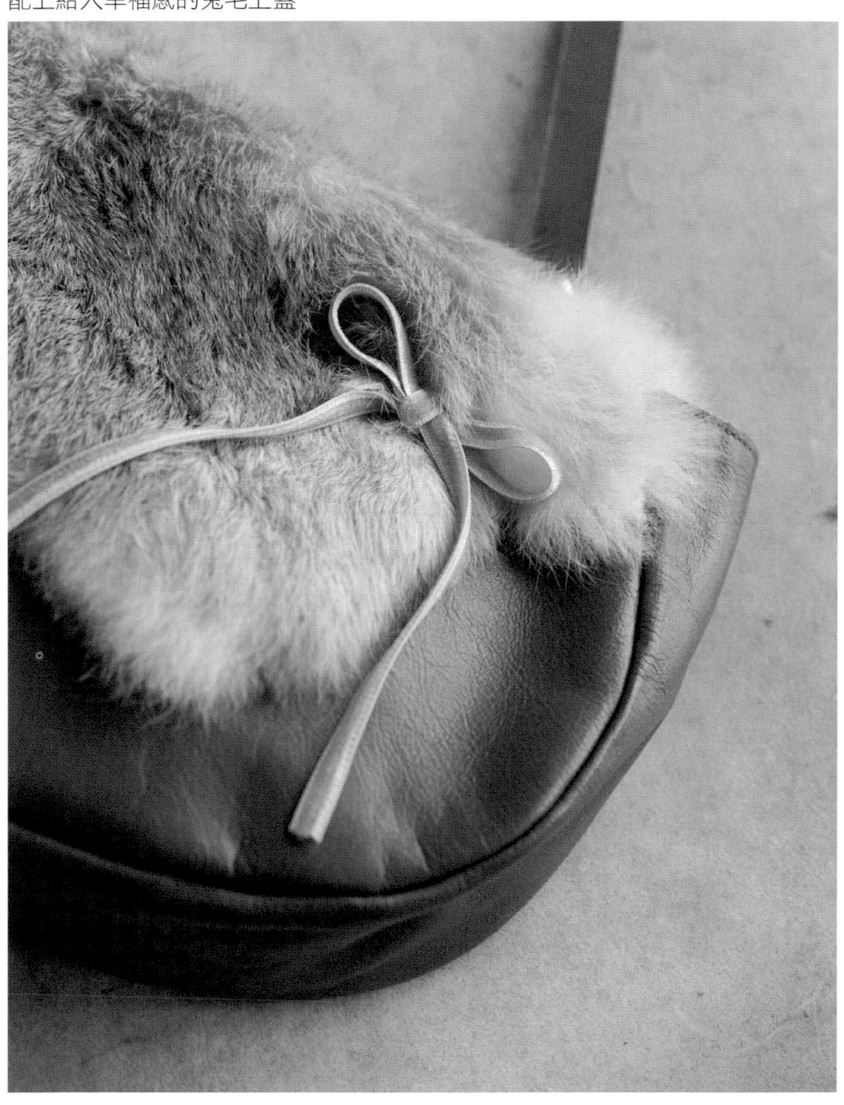

蕾絲花貼包包

作法 » 62頁

灰白色的蕾絲映襯在深褐色的扁包上顯得非常華麗
用麂皮的鞋飾做為飾針別在包包上

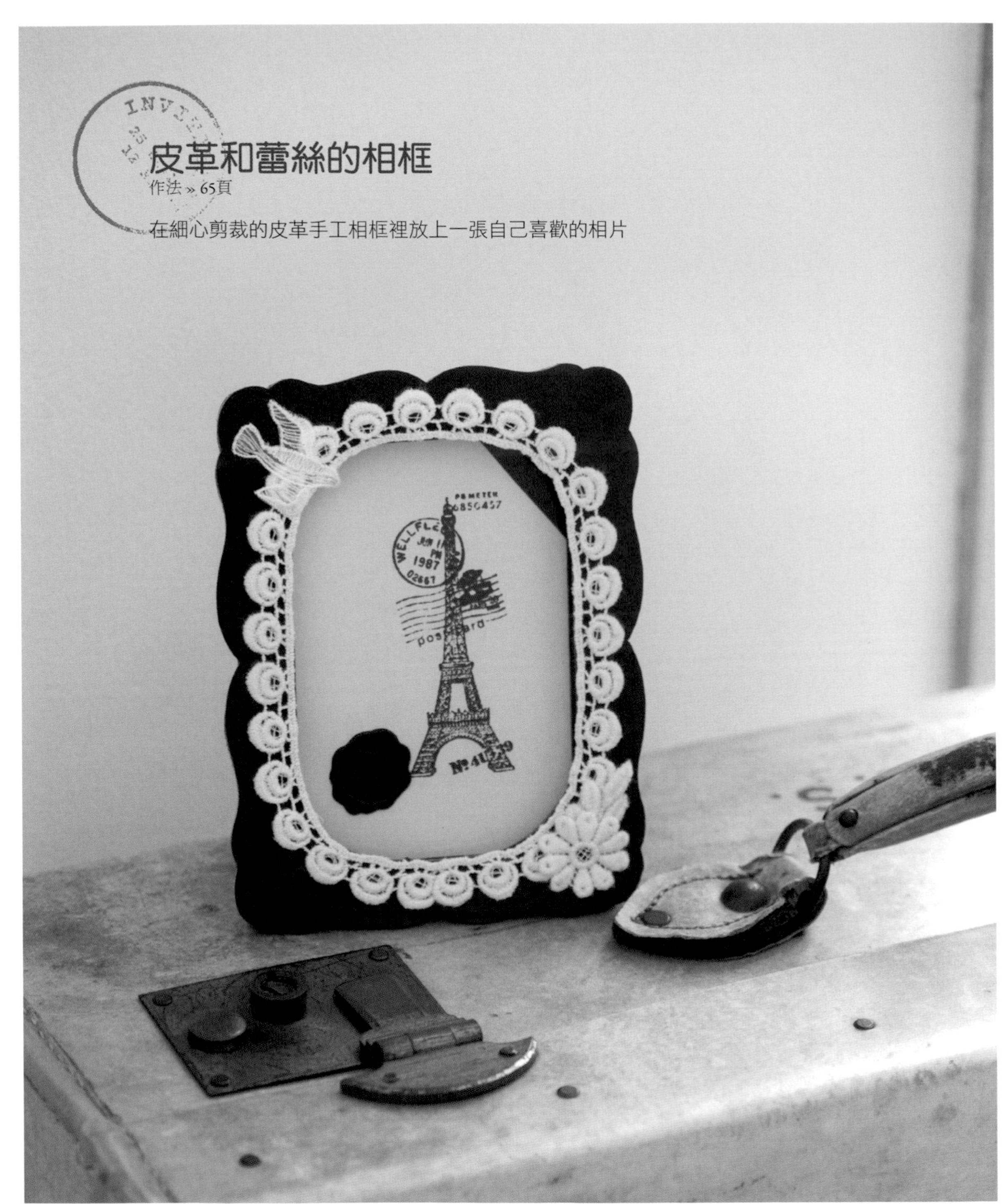

皮革和蕾絲的相框

作法 » 65頁

在細心剪裁的皮革手工相框裡放上一張自己喜歡的相片

紀念圖章的記憶手冊

作法 » 67頁

一本留下旅行的記憶和點點滴滴的重要記憶手冊

麂皮鞋飾

作法 » 66頁

配合鞋子改變花色
為款式簡單的鞋子提升質感

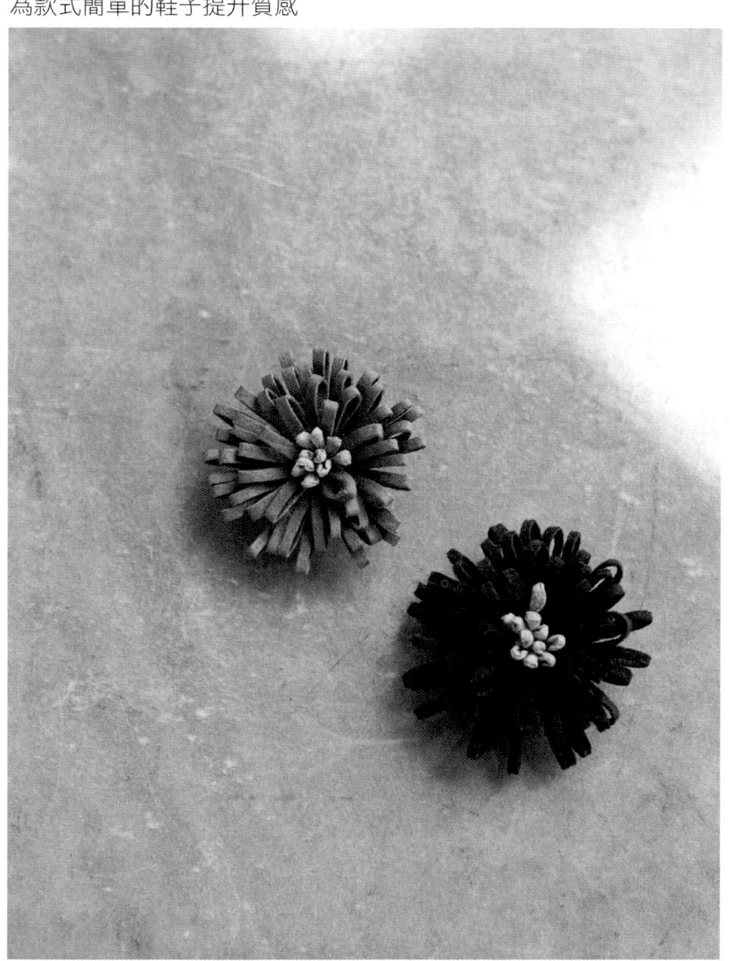

POST CARD

蕾絲手機袋&紀念圖章吊飾

手機袋的花飾可以取下的飾針設計。
身分證也可以別在吊飾上非常方便。
依自己所好選擇斜背和項鍊款式。

作法 » 68頁

作法 » 69頁

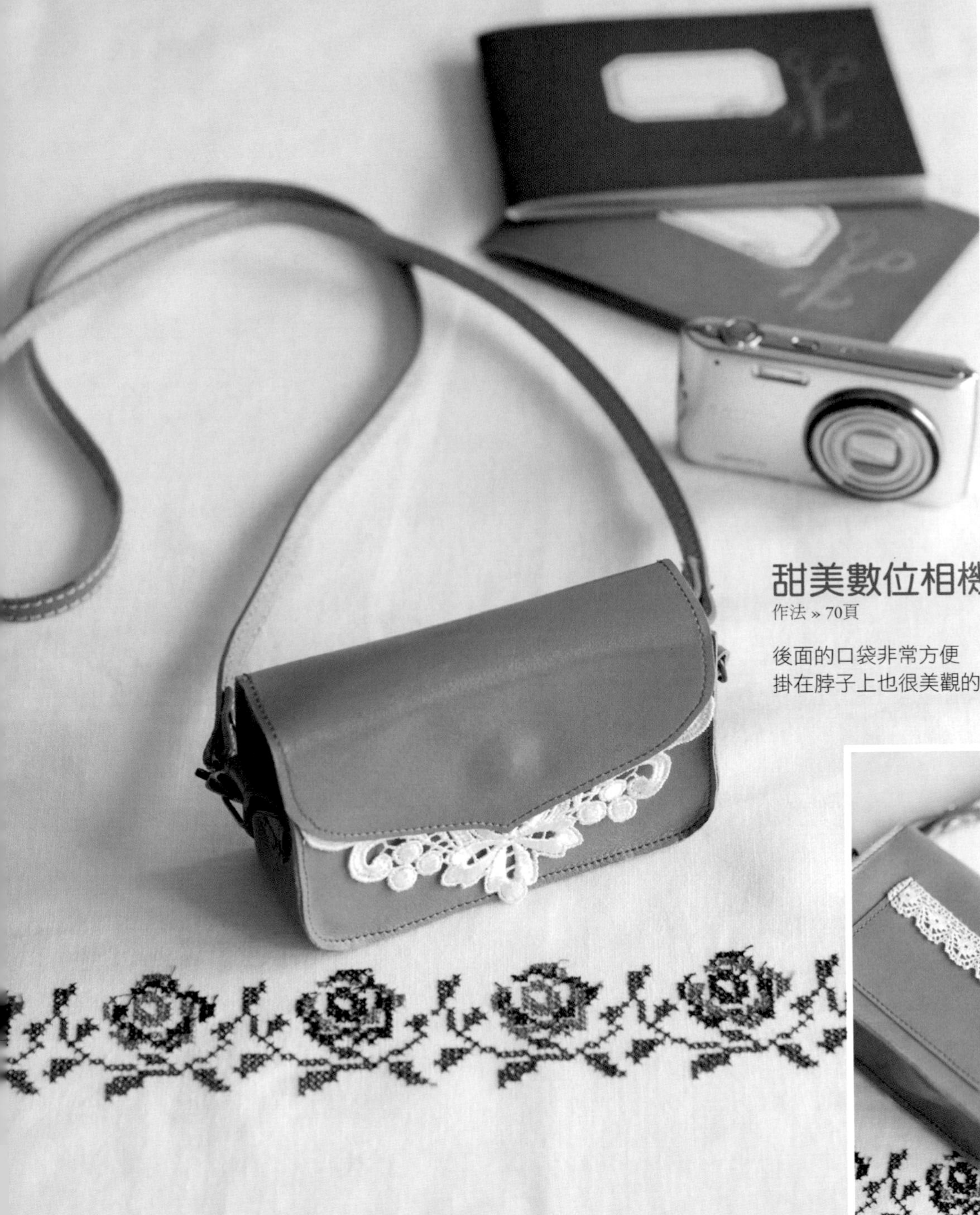

甜美數位相機袋

作法 » 70頁

後面的口袋非常方便
掛在脖子上也很美觀的袋子

雅緻的筆袋

作法 » 72頁

利用寬的純棉編織花邊(torchon lace)和花型的貝殼鈕扣
讓皮革剛硬的質感顯得更柔美優雅

口金包式皮革化妝包

作法 » 74頁

毛茸茸的絨球讓錢包顯得很可愛

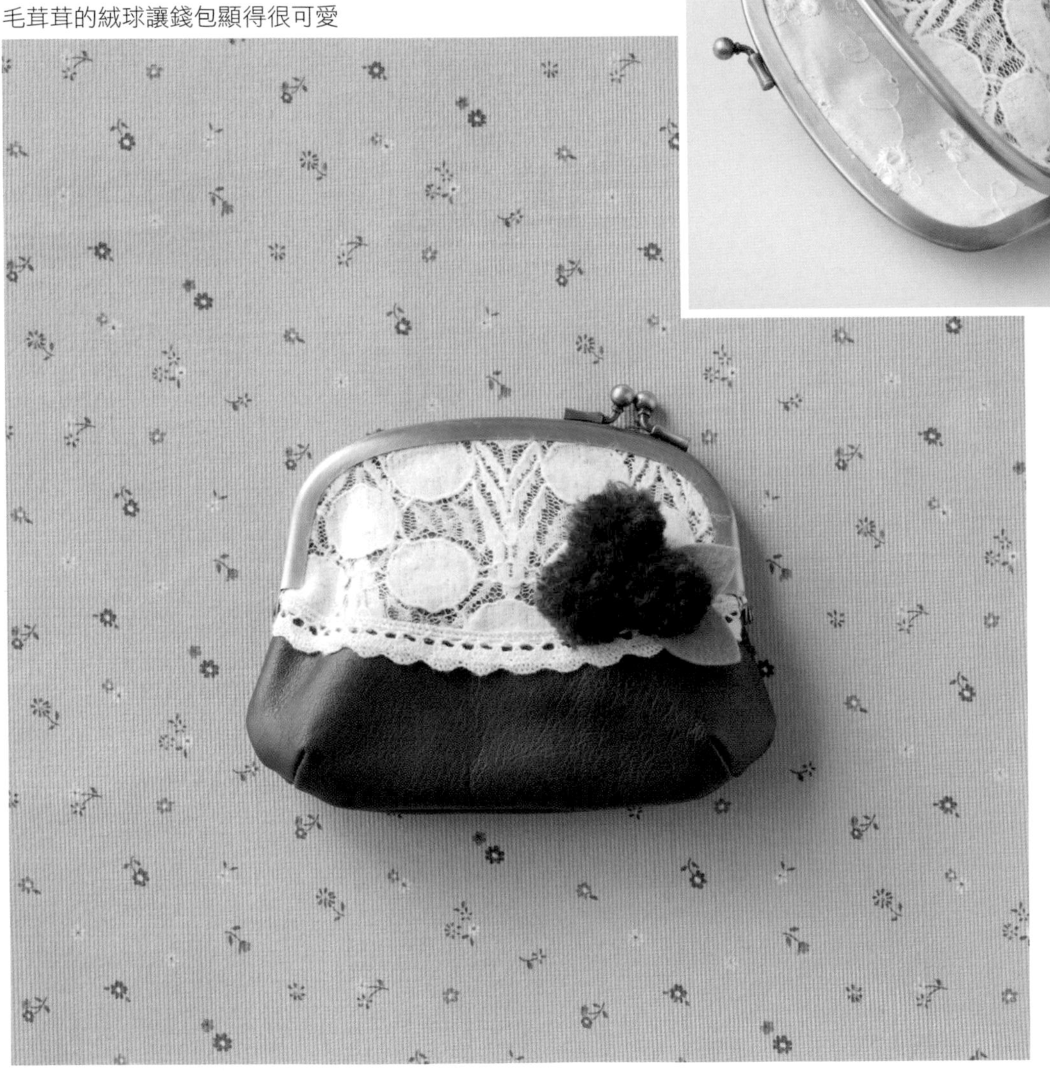

可愛動物夾

作法 » 67頁

只要貼在現成的夾子上
就做成獨一無二又可愛的夾子

To Greet
you with all
Hearty Good
Wishes.

童話人物皮影雕像

作法 » 73頁

利用搖晃擺動的皮影雕像讓整個房間宛如童話世界一般，
彷彿自己是童話中的女主角。

流行的皮革髮束

作法 » 76頁

利用蕾絲讓整個感覺煥然一新

漂亮的蕾絲髮束&髮夾

作法 » 髮束78頁 、髮夾79頁

皮革作成的髮飾帶有些許華麗的感覺

帶點古典風味的墜飾&飾針

作法»80頁

鎖匙、蝴蝶結、薔薇…以幸運吉祥物為參考主題

可愛的手環

作法 » 81頁

搭配蕾絲和串珠讓皮革材質顯得更加奢華

接觸皮革素材讓我的作品更豐富

…內田瑞惠

會開始使用皮革素材是起源於尋找作品的裝飾品。

以前都是使用羊毛氈，但是因為無法搓出細線、邊緣很容易綻線等，所以開始尋找更為耐用的材料、素材。

幾年前，偶然遇到一位零售皮革的批發商，到他的店裡一看就迷上了皮革。牛、羊、豬、袋鼠等，動物種類非常繁多，我還看到鮭魚和魟魚等魚的皮革。
以及未經染色，呈現自然褐色的皮革、織有金色絲線的、裡面印有圖案的皮革等，各式各樣都有。

知道有可以用剪刀裁剪，也可以用家用縫紉機縫製，處理方式簡直就像布一般的皮革，

plofile

居住於東京都，從小就喜歡動手做東西。任職於雜貨製造公司，負責企畫設計。離職後開始從事雜貨製作及插圖的工作。2003年設立網路商店。2004年參展藝術展覽會。2006年初舉辦作品展。2008年9月在新宿・okadaya的櫥窗展示作品。親手創作「sentiment doux」品牌的作品。

http://sentimentdoux.com/

對於感覺好像很難加工的皮革也因而改觀。

用過這樣的皮革之後才發現，即使將細線剪掉，也不會綻開，又很強韌，最重要的是我很喜歡它那自然的質感和存在感，之後就一直使用皮革。

因為也可以剪裁出柔和的曲線，所以平常經常製作的動物和花朵、少女的圖案，也可以很自然的表現出來。

最近，不只是裝飾圖案，連包包或零錢包等小東西也用皮革製作。

皮革和我非常喜歡的蕾絲或人造花也非常搭配，如今是我喜歡的素材之一。

越久越有味道的皮革。

我想以後我還是會繼續用來製作各種東西。

以用皮革剪成的達拉木馬(Dalahast)和花圈的圖案為重點裝飾的布包。

裝飾著用皮革剪成的圖案，和Battenberg蕾絲等拼貼而成的裝飾品的竹籐編織包。

將蕾絲等飾品貼在金屬名片盒上。

富貴感 皮革筆

作法 » 56～59頁

毫不起眼的原子筆變身成別緻的文具！
小小的刺繡呈現出手工製作的感覺

手工縫製的書套

作法 » 82頁

用縫在書籤一端的骨頭獎賞貼布縫的小狗

各式各樣的鈕扣

作法 » 83、85頁

圓形、三角形、傘狀…只要用壓模器，就可以做出漂亮的皮革鈕扣。
穿上軟線，配上葉子，就變成漂亮的手鍊。

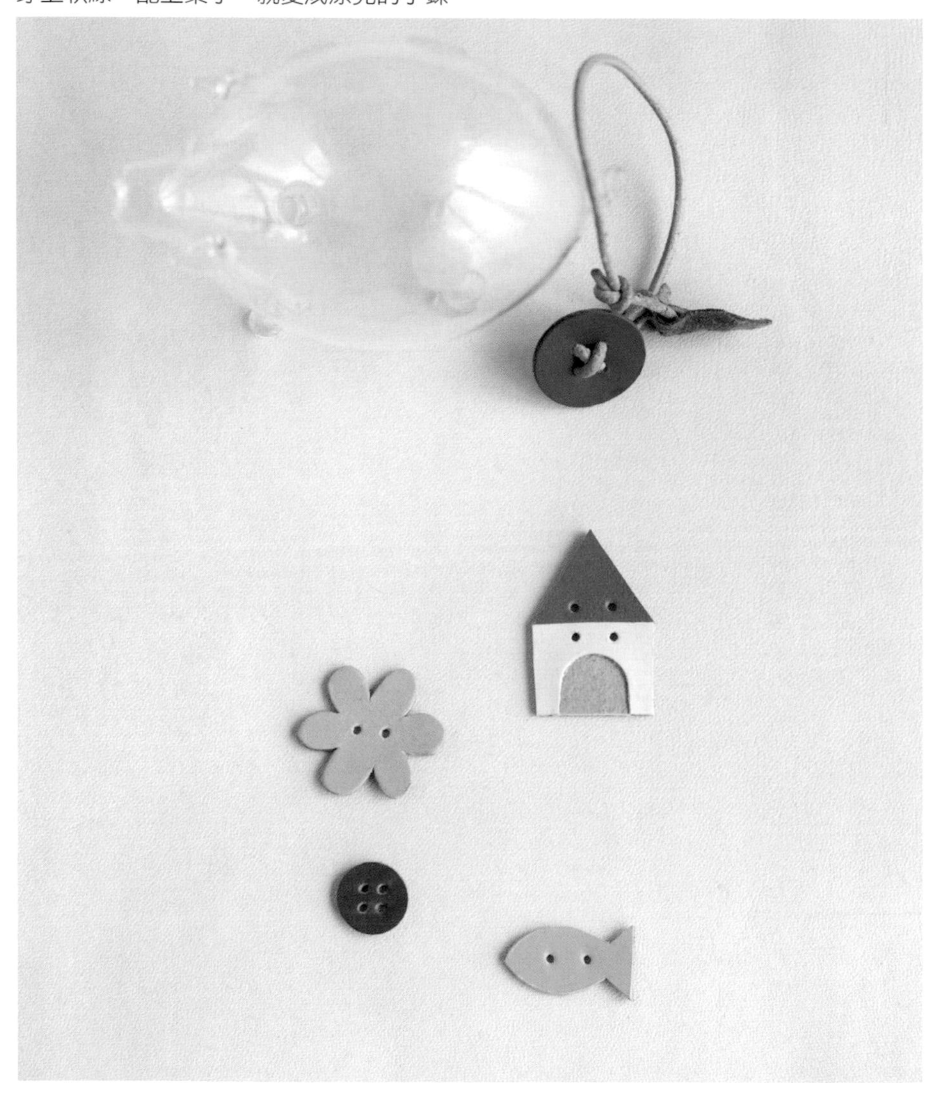

鞣革包

作法 » 84、85頁

用一整塊布手縫而成，裝飾上皮革釦。

胸針&髮夾

作法 » 83頁

皮革鈕扣的應用篇
試試看製作花朵、綿羊等自己所喜歡的圖案

吊飾&手環

作法 » 95頁

裝飾上皮革鈕扣，簡單就能完成的裝飾品

幸運草圖案的麂皮包

作法 » 86頁

四葉幸運草在哪裡…提示是瓢蟲

幸運草飾品

作法 » 87頁

將軟線穿過幸運草做成吉祥物
小小的幸運草很可愛

彩色皮革製的兒童時鐘

作法 » 88頁

很適合兒童房，像繪本一般的時鐘

扁布偶

作法 » 90頁

可愛得不得了的各種動物從時鐘裡跑出來

彩色皮革製的廚房時鐘

作法 » 88頁

剪好不加以修整也不會綻線，所以不管是數字或圖案
都只是貼上去而已

幸福色彩的相本書套

作法 » 91頁

利用小洞打出圖案。
古老的鎖匙是幸福的象徵。

Baby相本書套

作法 » 91頁

粉紅色的泰迪熊守護著寶貝的成長

麂皮零錢包

作法 » 94頁

提把可以拆除，所以可以享受2種款示的樂趣。

印鑑盒&零錢包

作法 » 印鑑盒93頁、零錢包92頁

印鑑盒沒有側縫，所以非常簡單
零錢包的背面縫上松鼠最愛的栗子

在作品中加入童話色彩…

…廣畠裕子

用皮革做東西已經八年了。

每天都與皮革為伍。

以創作者而言，剪裁後不須修整不用別針，只要像勞作一樣組合起來即可。再加上其堅固耐用的特性，與舒適的觸感，這些都是愛上皮革的原因。

越用越柔軟、越有味道是皮革獨有的特色。

私心期許，帶它回去的人能不在乎它些微的汙垢，能夠經常使用它，我是抱著如此的心意進行製作。

畫在皮革上的圖案，

主要是以動物們為主人翁的童話故事。

那是從小時候看過的繪本的記憶、朋友那聽來的動物的軼事……等不明確的概念所衍生創作出來的。

在小小的寫生簿裡，像塗鴉般匆忙畫下回憶中的種種故事。

plofile

1972年生於廣島。看過不少繪本，因而喜歡看畫、喜歡繪畫。武藏野美術大學研究所畢業後，擔任繪畫講師、版畫家。自從販賣版畫的卡片之後就開始從事雜貨的製作販售。想要過著整天製作物品的生活而學習包包製作的技術，2006年夫婦倆在相模原市設立了皮革工房yuraric。現在是刺繡、皮革小物、包包的作家，以百貨公司為中心在展示會發表作品。也用令人聯想到童話故事的圖案動手製作、設計刺繡的配件和繪本插圖。育有一子。

http://www.yuraric.com/

以動物為主題的鎖匙圈。

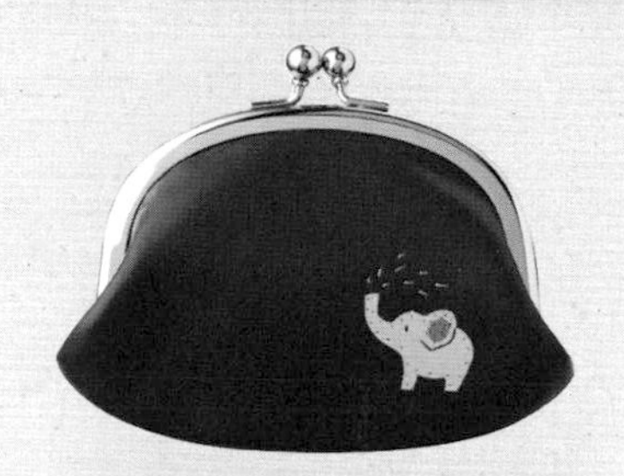

從色彩鮮豔的皮革顏色和動物們的動作舉止聯想到童話故事的皮革小物。

只要改變動物們的動作舉止、視線、手中的物品或顏色，就會變得很有趣，一篇故事就由此誕生。

皮革小物或包包的設計，是藉由觀察行人所用的東西、或聽朋友使用物品的心得來得到靈感。特別是看到用越久越有味道的東西，應該很喜歡…我這麼覺得。
自己所做的物品在設計上也注意其耐用性和方便性，希望使用者能長期愛用它。

皮革材料主要是在有很多批發商的藏前・淺草橋(註：位於日本東京)為中心尋寶。太忙的時候，皮革和材料是透過網路或型錄請人送過來。
工具是向手藝家學習用法尋找同樣的器具，在HOME CENTER(註：日本販賣各種日常家庭用品的連鎖店，在台灣有海外分店，為台隆手創館。)購買，有時也會再加工讓工具較為方便使用。

希望能以「可愛、好用、耐用」為座右銘繼續創作。

作成小相框和墜飾的刺繡作品。每一個都是用手繡出來獨一無二的東西。

鞣革的小豬、象、臘腸狗

作法 » 47～50頁

用自己所喜歡的顏色作出漂亮的小豬仔們

我們來試做鞣革動物

真是不可思議，簡直就像是摺紙一般，可愛的動物們就這樣從一張皮革誕生出來。
和製作者一樣嗎？ 稍微動點手腳表情就會不一樣。
要不要用堅韌的鞣革試著製作屬於自己的寵物呢？

平面時是這樣的形狀

可以想像出這樣的狀態會變出什麼東西嗎？

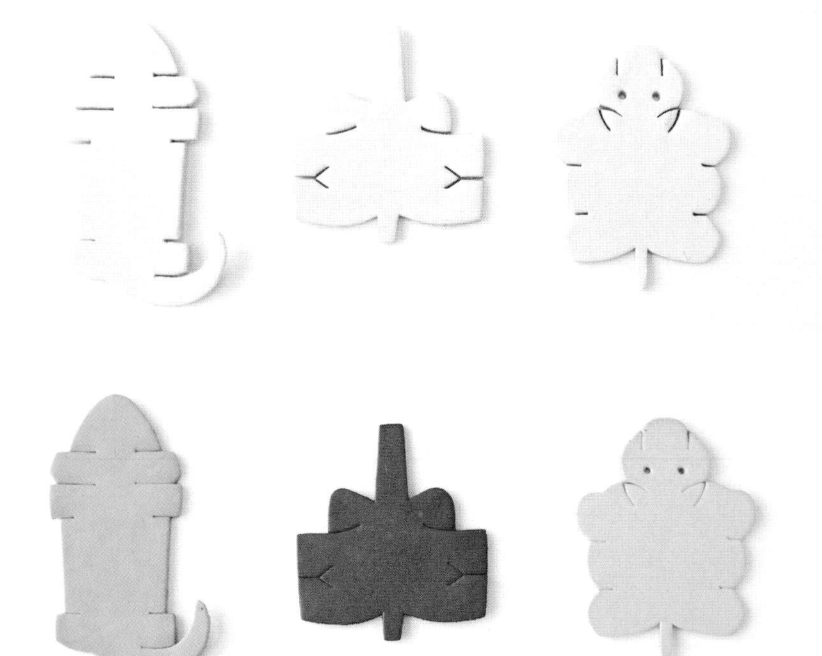

如果維持鞣革的顏色不變，感覺是自然的動物。

染上自己喜歡的顏色之後，好像小時候夢見的童話故事人物。

鞣革的事先準備

自然色時…

將依照模型裁剪下來的皮革放進水裡泡濕，擠掉多餘的水分後在半乾的狀態下進行作業。製作過程中乾掉不好作業時，再泡濕就可以。

染色時…

染色的方法很簡單。用水將皮革用液體染劑(本作品是使用誠和Roapas batik)稀釋，將依模型剪下來的皮革浸泡其中。
因為鞣革染色很快，所以注意不要染色不均。
浸泡到染料時要成水平，一口氣將整個皮革浸泡下去。
染好色之後將多餘的染料用紙擦掉，在半乾的狀態下進行作業。

製作小豬

圖片 » 46頁

材料及用具

厚度約1.7mm的鞣革　5.5cm×4cm

皮革用液體染料　喜歡的顏色　酌量(染色時)

紙型(實物大小)

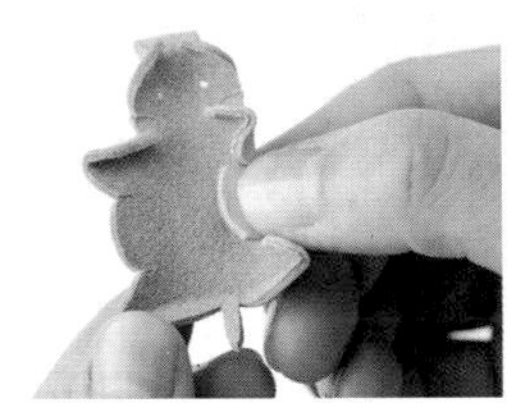

1 先將鼻子、臉頰、腳捏成圓形。

2 將腹部的切口壓向內側。

3 將軀幹壓向內側讓腳立起來，產生立體感。

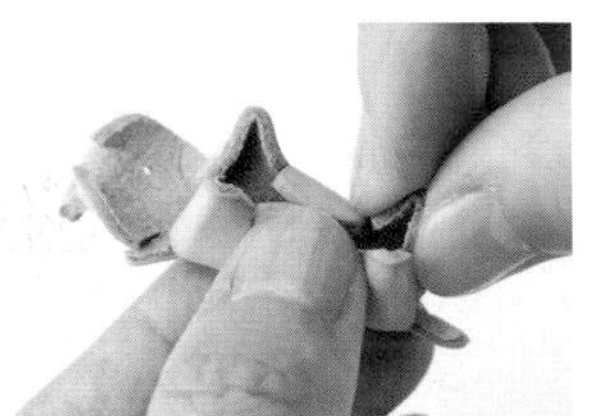

4 另一邊也重複2、3步驟。

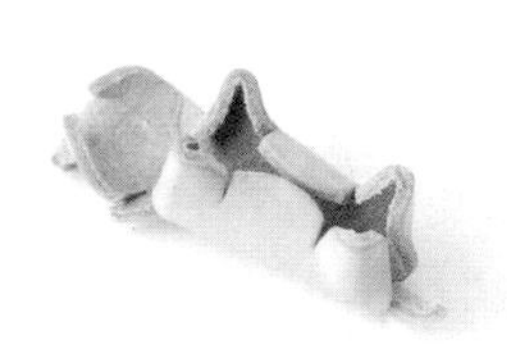

5 一邊壓腹部，一邊將四肢腳一一捏好。

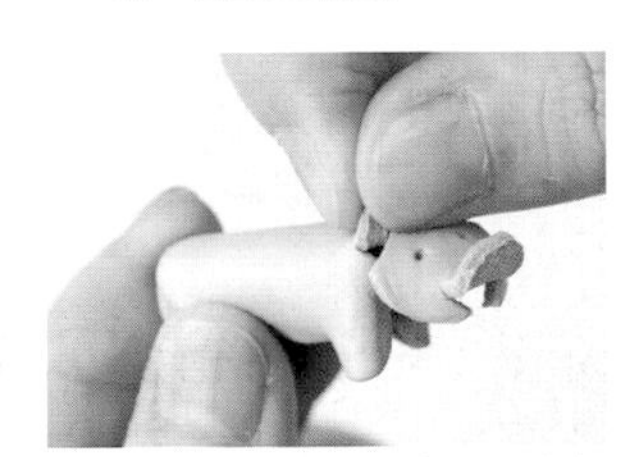

6 軀幹變成圓形，四肢立起來的狀態。

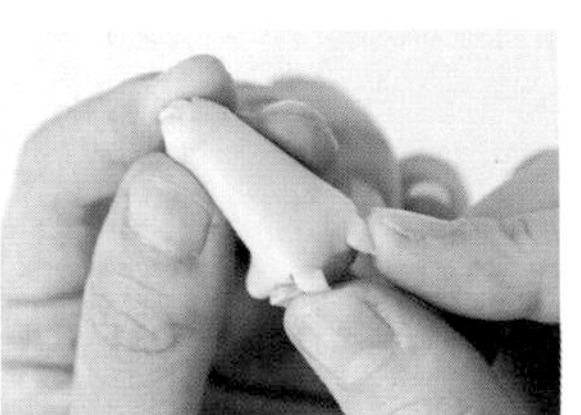

7 捏住耳朵的切口讓耳朵立起來。

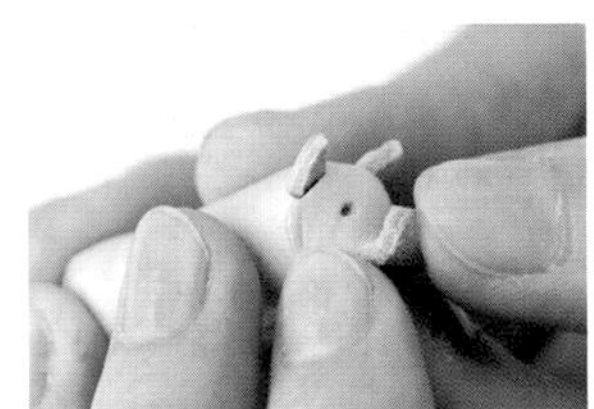

8 將立起來的耳朵往前傾。

9 再度將鼻子壓挺起來。

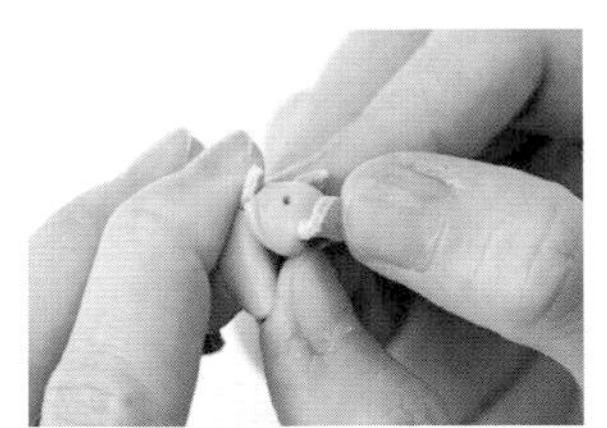

10 將下巴、臉頰壓向內側。

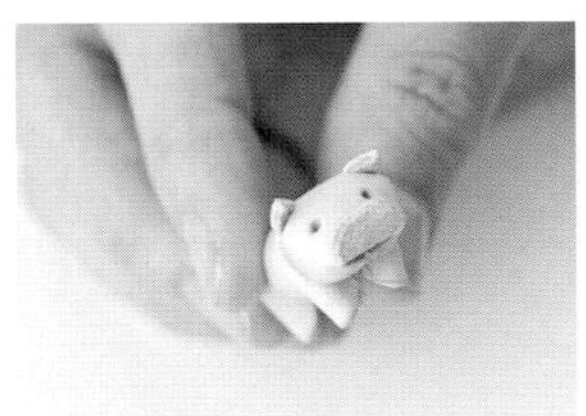

11 將軀體再捏一捏，讓軀體成圓形。確認臉部表情。

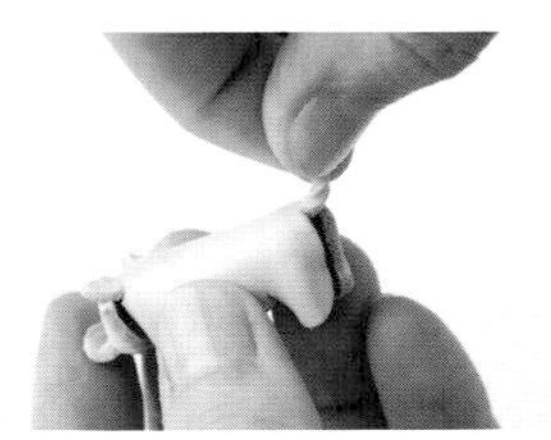

12 將尾巴往上捏然後扭轉，讓尾巴翹起來。

完成。因為乾了之後會緊縮，所以要確認表情。

製作大象

圖片 » 51頁

材料及用具

厚度1.5mm的鞣革　4.5cm×4cm

皮革用液體染料　喜歡的顏色　酌量(染色時)

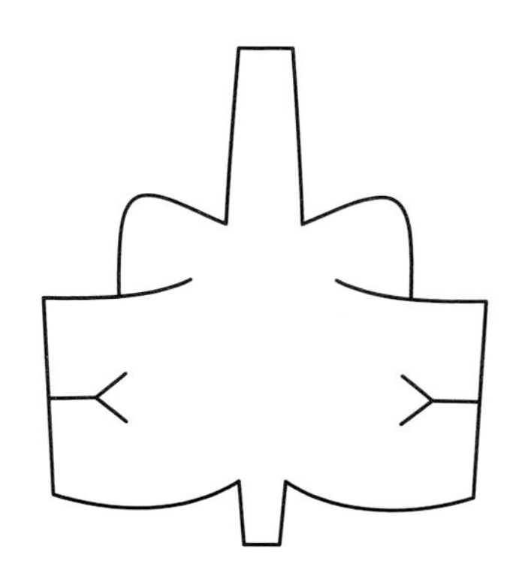

紙型(實物大小)

1 捏好鼻子和腳，將腹部壓向內側。

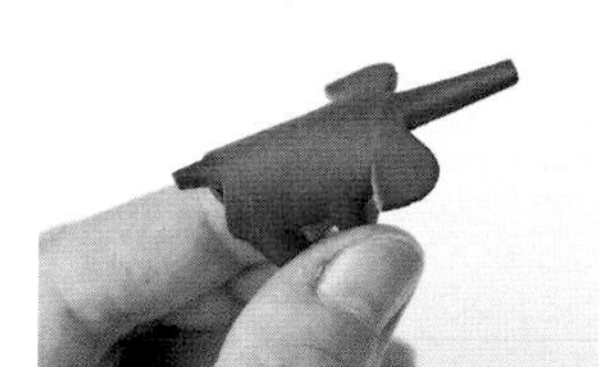

2 將軀體放在指尖，沿著手指捏成圓形。

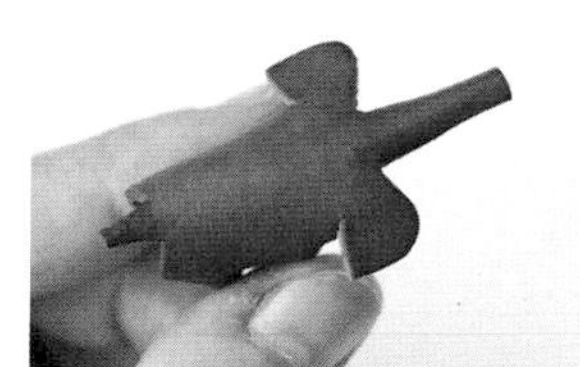

3 捏好軀體之後讓腳立起來。

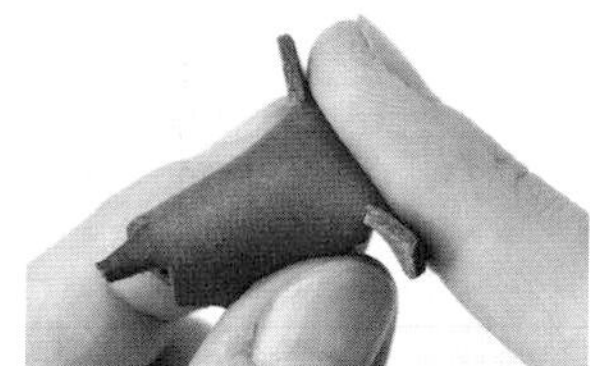

4 壓住頭部讓耳朵往兩旁橫出去。

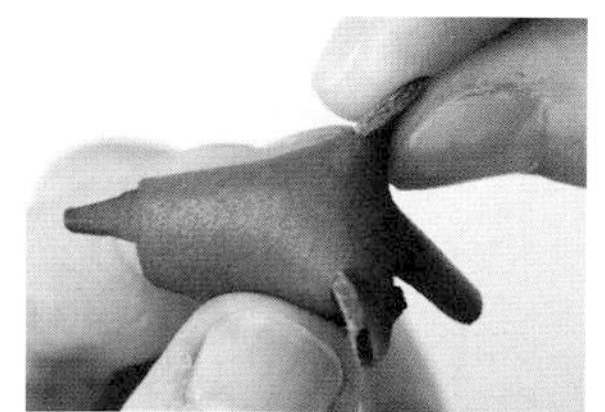

5 捏住耳朵往前方扭轉。

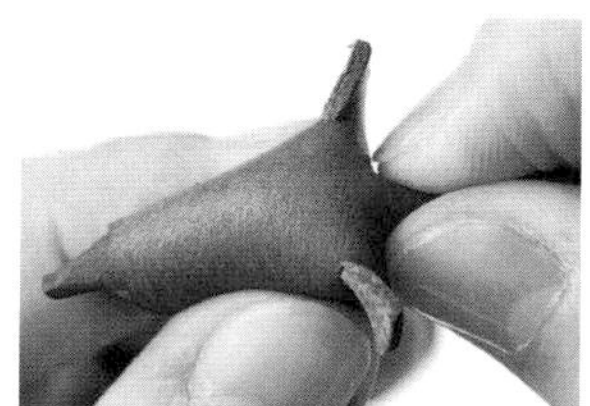

6 再次捏住鼻子調整鼻筋。

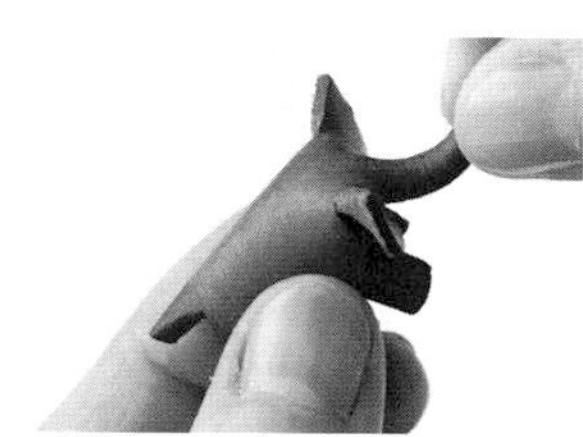

7 將鼻尖往上仰。

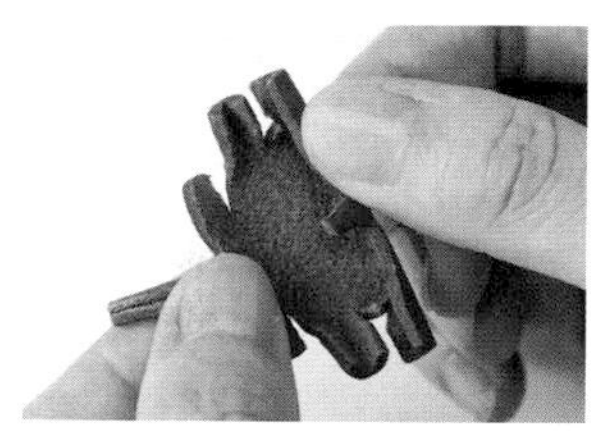

8 打開軀體，將臀部用力壓向內側。

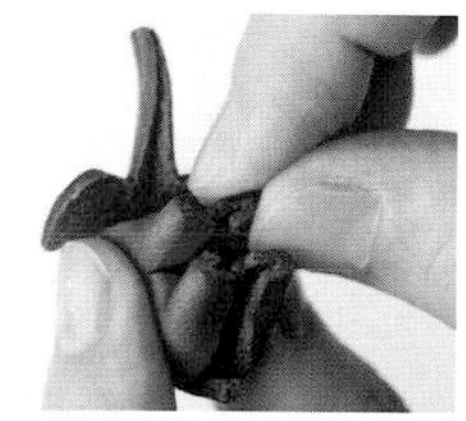

9 再將軀體合起來，將四肢腳一一確實捏好進行調整。

完成。因為乾了之後會緊縮，所以要確認表情。

製作臘腸狗

圖片 » 51頁

材料及用具

厚度　狗爸媽1.7mm　小狗1.5mm的鞣革
狗爸媽9.5cm×5cm　小狗6cm×4cm
皮革用液體染料　喜歡的顏色　酌量(染色時)

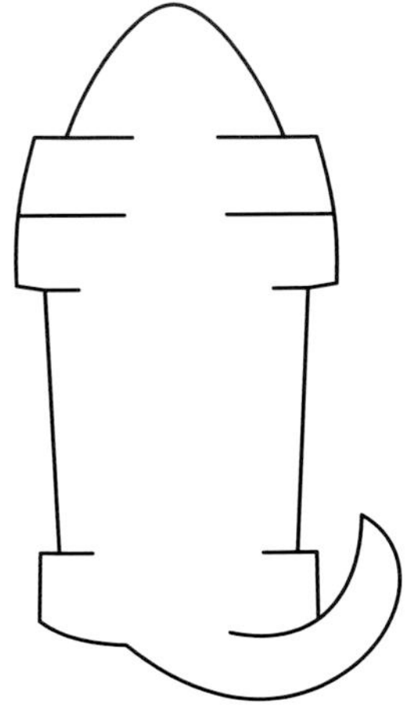

紙型(小狗・實物大小)
※狗爸媽放大150%

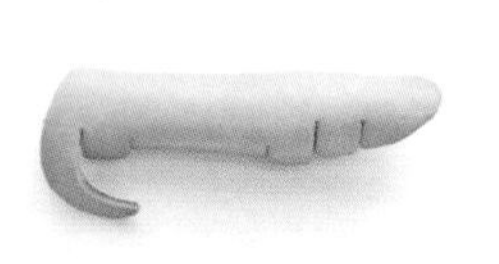

1 先將頭部到軀幹捏成圓形。

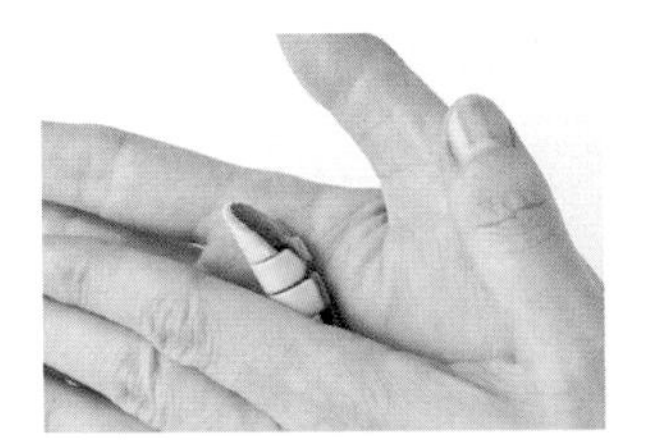

2 用雙手手掌將1搓圓。

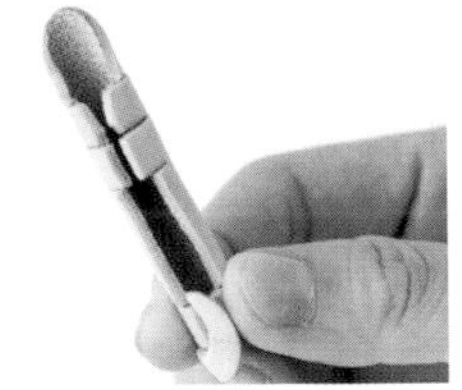

3 變成筒狀。

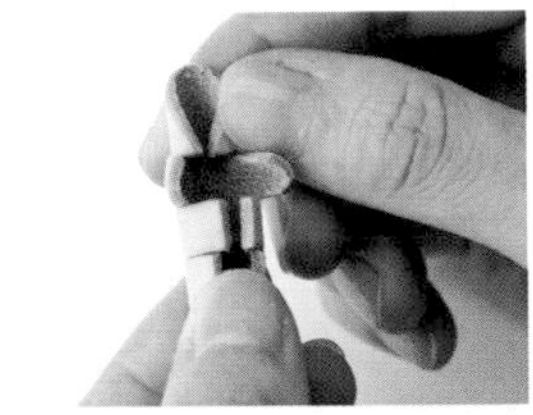

4 將臉頰壓進內側，耳朵突向外側。

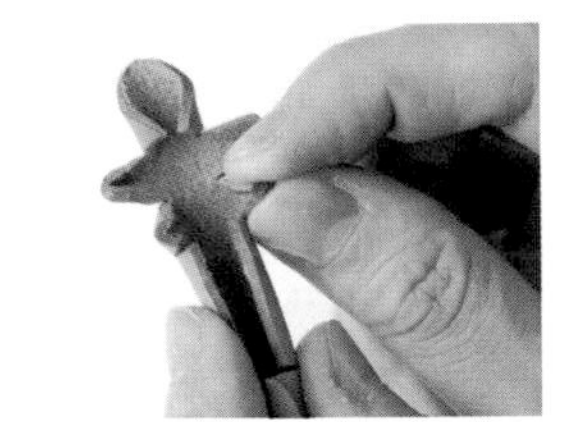

5 捏出四肢讓四肢立起來。

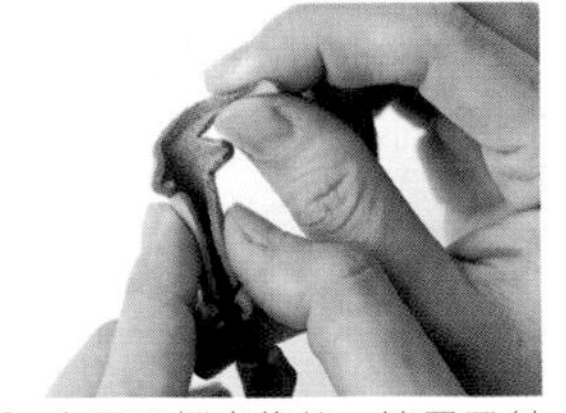

6 在尾巴捏出條紋，讓尾巴斜向一邊。

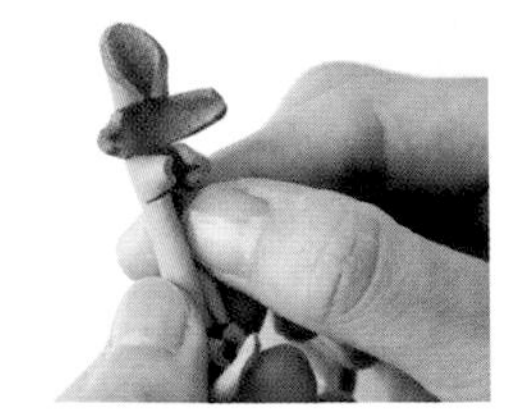

7 將腹部壓進中間讓腹部變圓。

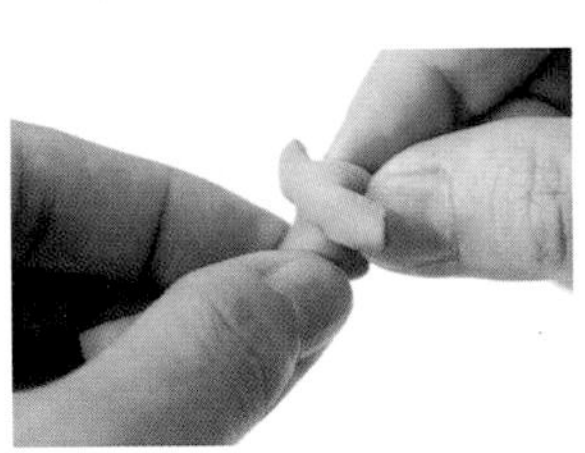

8 捏出臉部往後仰讓頭抬起來，捏出頸部。

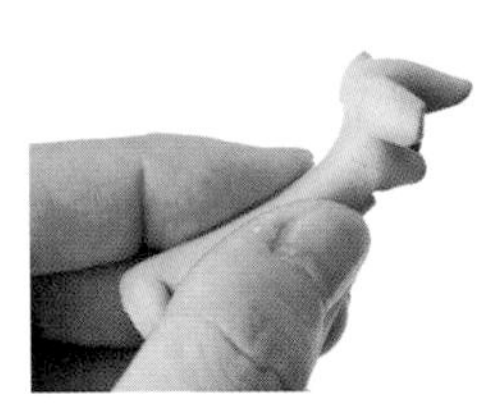

9 臉部朝上的感覺。

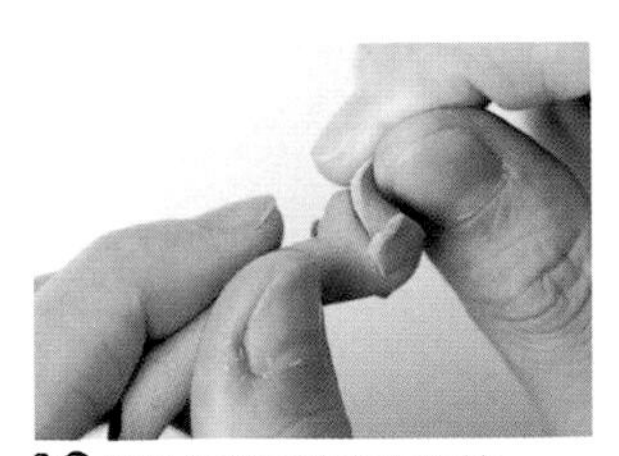

10 讓鼻尖翹起來作出表情。

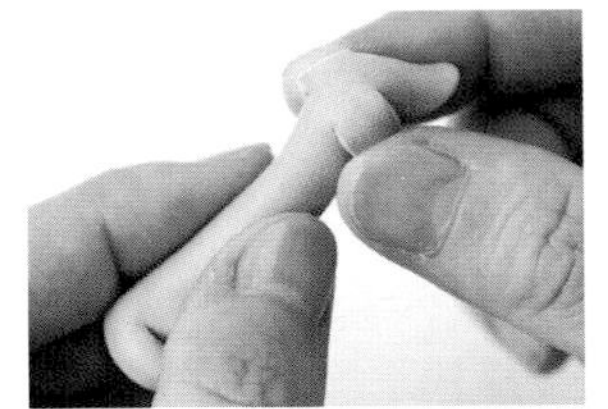

11 將耳朵沿著臉部壓下去。

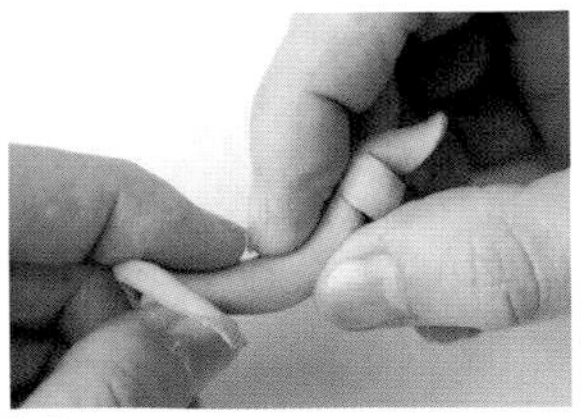

12 將背部往後曲，捏出軀幹的姿態。

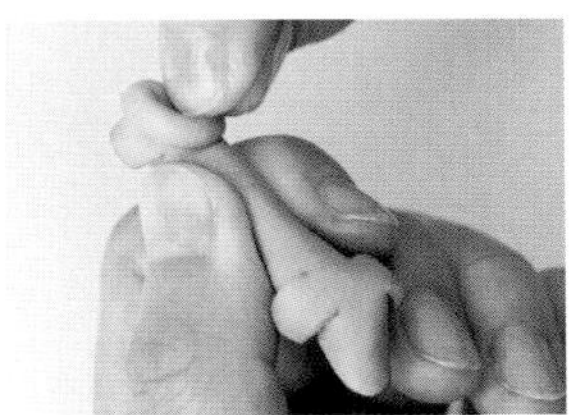

13 將尾巴往上捲。

14 再度將四肢捏好站立。完成。

用心製作每個人都喜愛的製品

…上野 弘

自立門戶之後，所製作的皮革工藝品主要是以皮包和皮帶為主，後來突然想要製作廣受男女老少喜愛，可以隨身攜帶的作品，所以就想到了這個動物系列。

剛開始，只是做動物的外形就吃了不少苦，花了好幾年的時間摸索才有現在的完成形。

開始製作動物系列的作品之後，已經過了25年，至今除了仍然用紙型以外，還很用心的一個一個自己動手做。

雖然很花功夫，但是看到客人不禁讚嘆「哇！好可愛喔！」的反應，一切的辛勞也就煙消雲散了。

今後，我還要用我深愛的皮革努力創作讓更多人喜愛的作品。

用有鞣革感覺的自然色彩，動物們的表情也會比較自然。

plofile

昭和八年生於東京都港區(舊：芝)。昭和33年任職於皮革染色加工公司的營業部，40幾年初自立門戶。開始從事皮革及皮革工藝品的製造、販售至今。

關於皮革

協力/宮田 株式會社

大家所熟悉的皮包和皮鞋的素材「皮革」，在手工藝的世界似乎不像布料和線那麼常見。
應該有很多人是第一次用皮革來做東西。
皮革和布料比起來比較不易綻開、又可以用黏著劑黏貼，如果不是太厚的皮革的話，可以用家用縫紉機縫製等等……，是很好處理的素材。為了了解皮革，在此做了一番研究。

適合手工製作的皮革

避免動物的皮腐爛硬化的處理稱為「鞣成」。鞣成後的稱為皮革(leather)。
接下來介紹幾種適合做手工藝品、好處理的皮革。

鞣革

使用採自植物的單寧鞣成的皮革稱為「鞣革」。觸感佳，色澤自然，所以是最近頗受矚目的環保皮革。浸泡在水中變軟之後調整形狀，乾燥之後就成形變硬。曬過太陽之後，顏色會變深，陳舊古樸中帶有自然的風味，所以多少會有些瑕疵。

鞣革・馬
厚度1～1.3mm的軟性皮革，二張皮革的話還可以用縫紉機縫製。

鞣革・豬
三個毛孔並列是它的特徵。內面也可以用來做成麂皮風格。

其他尚有牛的鞣革(請參照第31、46～51、53頁)，比馬和豬的鞣革還要有韌性，非常耐用。

豬革

0.6～0.8mm的厚度，以三個毛細孔並列為特徵的溫暖質感是它的魅力所在。表面自不用說，內面也可以做成麂皮風味，沒有專業剪刀或縫紉機也可以作業，是初學者也容易處理的皮革。

（表面）
（裏面）

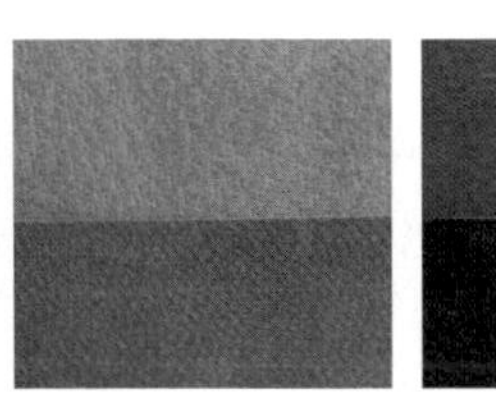

未加工
幾乎不使用處理劑而是使用羊毛輪(felt bobs)拋光。因為沒有上漆所以會褪色，但是它自然的質感是它的魅力所在。

（表面）
（裏面）

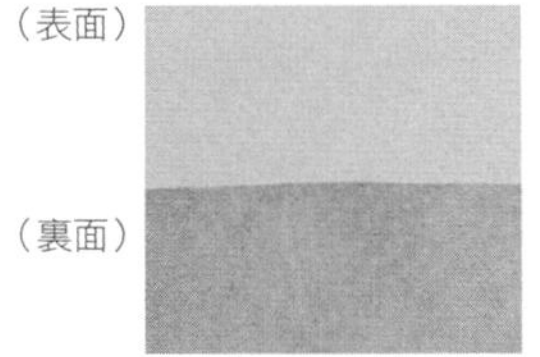

無鉻鞣
因沒有使用鉻鹽鞣製，故顏色會從帶點藍色變成近白色，顯色佳，色彩多變。因為不太掉色染料可用少一點，較不會汙染環境。

馬革

厚度0.6～0.8mm，輕且好處理的皮革。不用專業的剪刀或縫紉機也可以作業，切口也很漂亮不須多加修飾，很適合初學者。不過，用來製作有圓形部份的作品時曲線會有稜角出現的傾向，所以不適合。

（表面）
（裏面）

苯胺(aniline)處理
在表面上著色，上漆後呈現光澤的處理方法。不須擔心會像未加工皮革一樣褪色，瑕疵也不明顯。有點張力，容易起皺，不過顏色種類很豐富且漂亮。

（表面）
（裏面）

作品所使用的皮革

最堅韌的是厚度1.5mm牛的鞣革、色彩豐富的豬皮革、很有風味的油鞣革……
接下來介紹幾個實際用來做為作品素材的皮革。

無鉻鞣・牛

牛革的特徵是纖維組織比馬和豬的皮革來得均勻、強韌及耐用。是使用越久，越有風味的鞣革。一直都是皮包的首選材料。

油鞣革的牛皮

在鞣製的階段或最後階段讓皮革含有油脂的油鞣革，柔軟、吸水性佳，具有親油性。皮革質感很穩重，做出來的作品也散發出高級感。

無鉻鞣革

具有鮮豔色彩風格特殊的豬皮，不管是剪或貼都很輕鬆。用於貼布、使用內面做成麂皮味道等用途多多。

鉻鞣革的牛皮

使用硫酸鉻等鉻鹽鞣製的皮革，大多不單獨使用鉻鹽，而是和單寧等無機鞣劑綜合鞣製。皮革柔軟且具伸縮性，質輕。

皮革的樣品簿

雖統稱為皮革，但依其取自何種動物、鞣製方法、顏色等有各式各樣不同的種類。
不妨到各家店看看，尋找自己喜歡的皮革。

有這樣的手工套件

可以製作46～51頁所介紹的「鞣革動物」的套件。
鞣革有點堅韌且厚，適合不敢用紙型取模的人使用。

作品中所使用的皮革素材的購買地點

(*限日語。)

And Leather　浅草橋店
〒111-0053　台東区浅草橋1-27-3谷龜ビル1F
☎03-3865-8017
http://www14.plala.or.jp/kutuya

タカラ産業株式会社
〒111-0053　台東区浅草橋1-21-3タカラビル
☎03-3863-7878
http://www.takara-sangyo.com

レザーメイト　さとう
〒111-0052　台東区柳橋2-8-5
☎03-3866-0166
http://www.w-up.com/sato

●素材提供
(10，11頁麂皮鞋飾的豬皮　52頁的皮革樣本)
株式会社　宮田
〒111-0024　台東区今戸2-11-2
☎03-3875-1700
www.leather-miyata.jp/

(12、13、15、24、25ページの革コード)
メルヘンアート株式会社
〒130-0015　墨田区横網2-10-9
☎03-3623-3760
www.marchen-art.co.jp

皮革工藝用具

基本上和布料一樣，須要剪裁、縫製的工具。
只是皮革的纖維比布料密緻且厚，所以需要暫時固定時不使用珠針而用夾子固定，並且需要皮革用的針和線、打洞用的穿孔機或打洞器等。
請參考本處所介紹的用具，準備製作時所需的物品。

皮革工藝用具

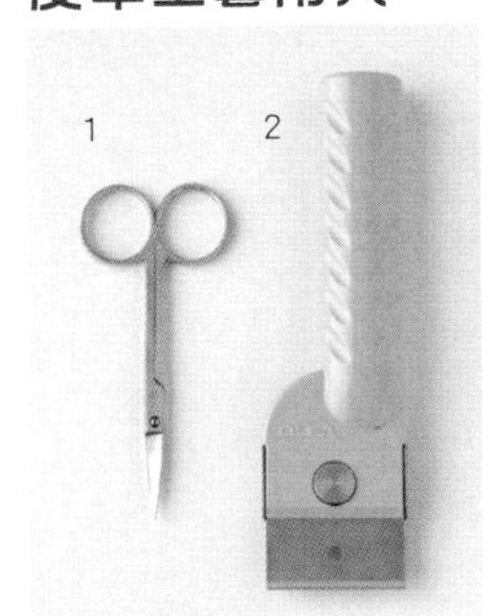

1. 手工藝用剪刀
剪裁薄的皮革和線。也可以用一般的剪刀代用。

2. 裁刀
適合用來裁斷皮革的刀子。也可以用刀刃大一點的美工刀。

縫製皮革用具

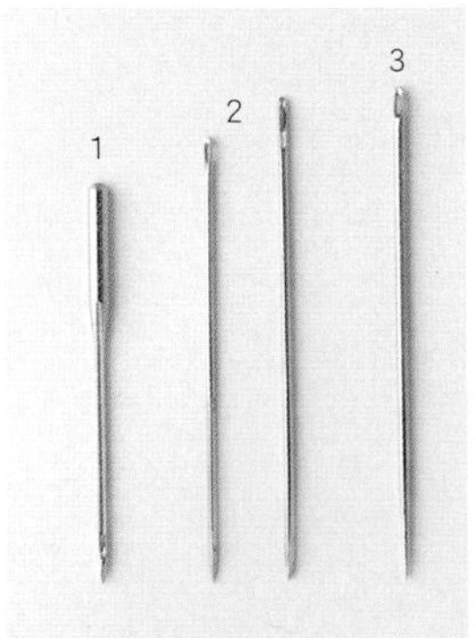

1. 皮革用車縫針
用家用縫紉機縫製皮革時換上。

2. 皮革用手縫針
針尖的形狀呈三角形的三角針。#2和#5

3. 皮革用外國針
手縫用針，同時使用二根。

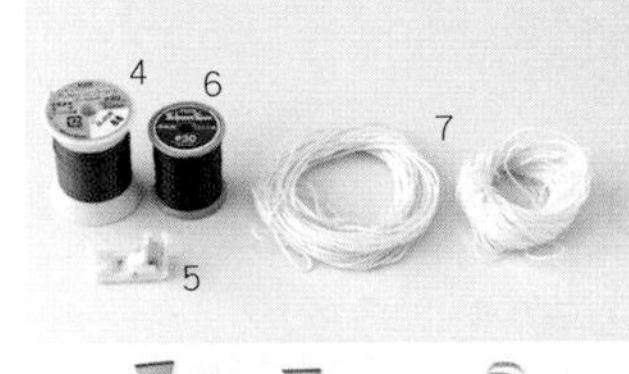

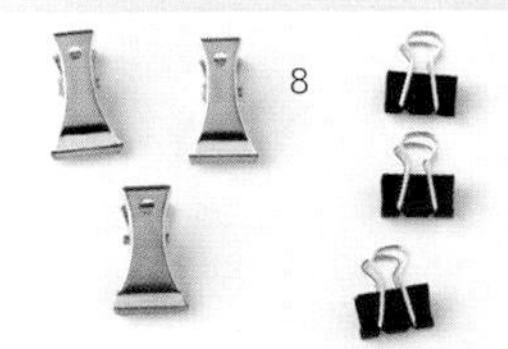

4.皮革用車縫線
用來縫紉皮革，堅韌光滑的車縫線。

5. 皮革用壓布腳
用家用縫紉機縫製皮革時的壓布腳。

6.尼龍線
用一般的刺繡線在皮革進行貼布縫或刺繡時會起毛，所以要用尼龍縫線。

7. 麻線(中細線、粗線)
手工縫製皮革時使用。依用途選擇粗細。有上蠟和未上蠟的，買到未上蠟的可以自行上蠟。

8.夾子
將紙型固定在皮革上時使用。也用於縫合、黏合時的暫時固定。

在皮革上做記號

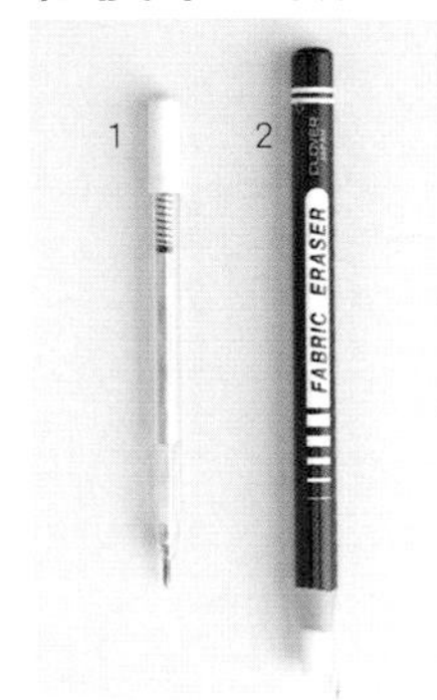

1. 銀筆
用於經常描繪紙型或做記號的皮革表面。

2. 消失筆
用於消除銀筆的痕跡。

3. 單菱斬
手縫皮革時事先鑽孔。用於做出曲線或打洞洞數少的時候。

4. 六菱斬
和3一樣，六個孔成等間距。

5. 圓規
在皮革上畫縫線。用螺絲調整寬度描繪皮革，就可以畫出固定寬度的線。

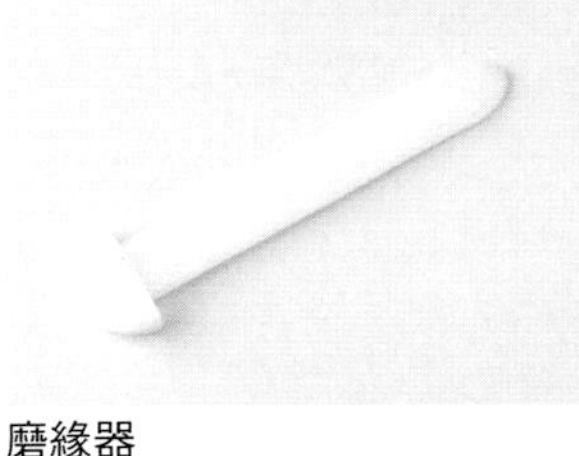

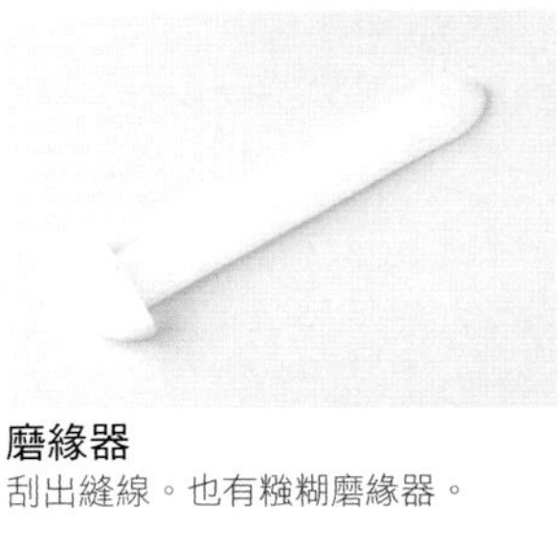

磨緣器
刮出縫線。也有糙糊磨緣器。

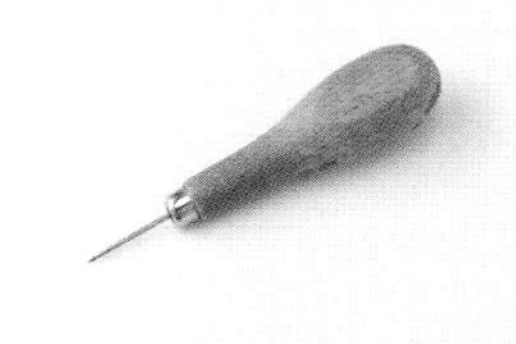

菱錐
做縫線、裁線等的記號、打小孔時使用。

黏著皮革

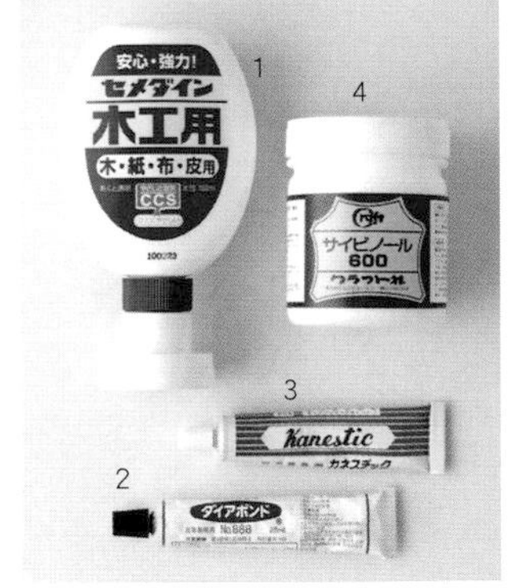

1. 木工用施敏打硬黏著劑
用於皮革的暫時固定、或皮革和蕾絲的黏接。

2. DIABOND接著劑
用以黏和兩張皮革，兩面薄塗壓合。

3. KANESTIC強力接著劑
4. 日製Craft接著劑
黏著皮革和金屬、塑膠、串珠等。

皮革加工

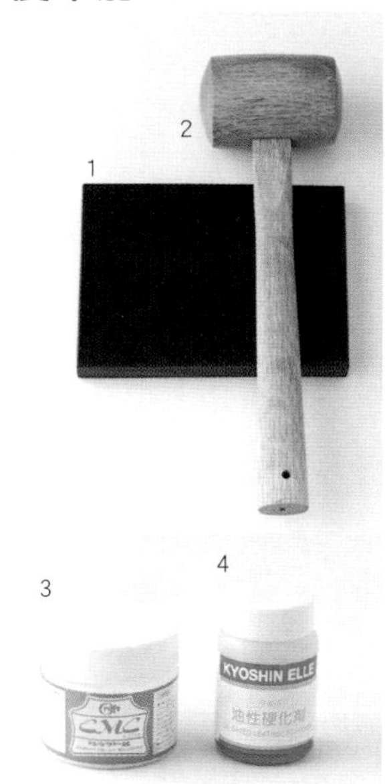

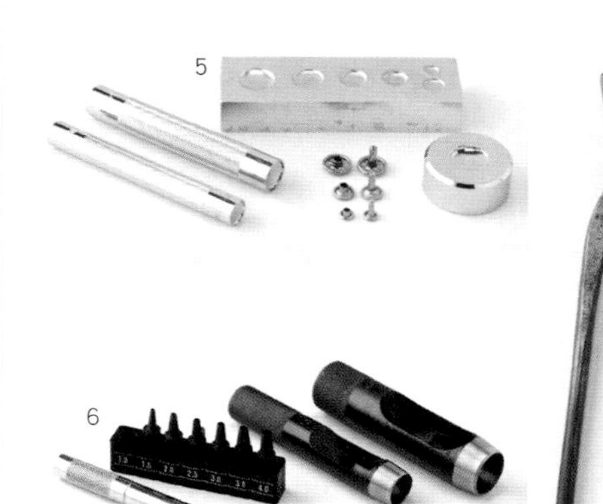

1. 膠板
打洞時墊在下面。也可以用打洞墊子或雜誌代替。

2. 木槌
敲擊穿孔器、菱斬、固定釦時使用。也可以用金屬槌代替，不過因為容易傷害工具，所以要小心。

3. CMC
避免橫切面(剖面)或床面(內面)起毛，將讓皮革光滑的粉狀處理劑溶於水後使用。

4. 油性硬化劑
塗在皮革內面使皮革有張力。

5. 固定釦工具
固定皮包皮帶的固定釦以及平凹斬和環狀台。使用適合固定釦大小的敲擊用具。

6. 打洞器
在皮革上打出圓形的洞。作品有使用0.1～2cm大小的打洞器。

7. 拔釘鉗
夾住並拔出不易穿過的針、或破壞零錢包的金屬卡口、打開四環釦的開口……等，是很好用的工具。此外如果有尖嘴鉗或鉗子也很好用。

8. 口金鉗
將皮革夾進零錢包的金屬卡口的工具。也可以用錐子代替。

玻璃板
將CMC塗在面積大的那一面，擦拭後變光滑。橫切面等細窄的面用布擦。

砂紙
用砂紙磨擦橫切面(皮革的剖面)讓表面變光滑
圖片為四方型的。

厚度計(thickness gauge)
測量皮革的厚度。

和皮革搭配的素材

本書將介紹和皮革組合搭配的人氣配角。
同一個作品也會因為搭配的物品而變身為不同風味的作品。
例如，改變毛皮的素材或蕾絲的顏色…請製作自己所喜愛的作品。

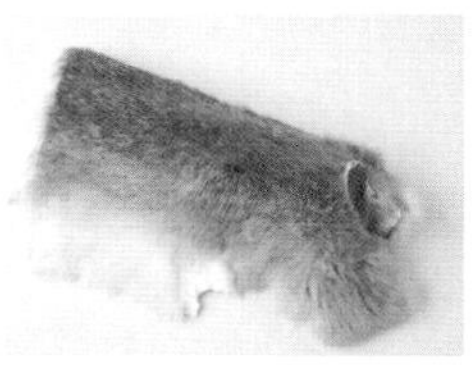

兔毛
天然皮毛和皮革非常相配，作品呈現出一種華麗的感覺。

各種蕾絲
中和皮革給人生硬的感覺，增添甜美的印象。蕾絲邊、純棉編織花邊(torchon lace)選擇自己喜歡的蕾絲。

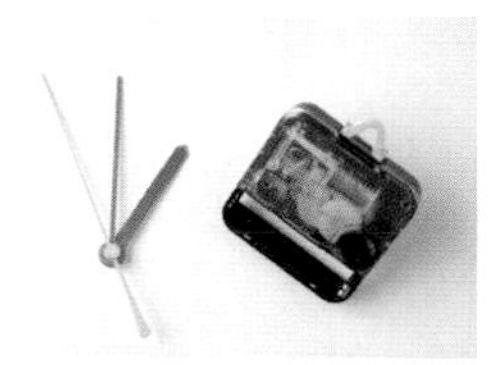

時鐘配件
在作品裝上時針和機芯，就可以變成獨一無二的時鐘。

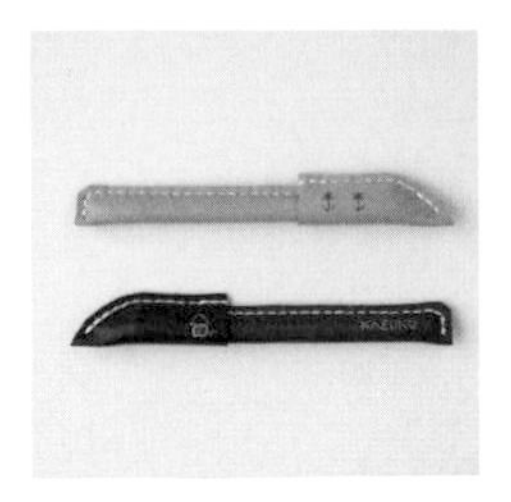

製作手工縫製的筆套

圖片 » 第28頁

要不要用觸感結實的油鞣牛皮革為素材來製作筆套呢？
可以學習手工縫製，對第一次學習皮革手工藝的人來說，難度也不會太高，是容易勝任的課題。
將雖然好寫但是外表看起來很乏味的市售原子筆，變成深具質感的高級文具、皮革筆。

用來作為素材的油鞣牛皮革，擁有豐富的色彩是其迷人之處。
不要拘泥於作品的顏色，用自己喜歡的色彩來製作也很漂亮。
有很多用具聽起來很陌生，其中有的可以用其他物品代替。
首先請參照第52～55頁準備必須用品。

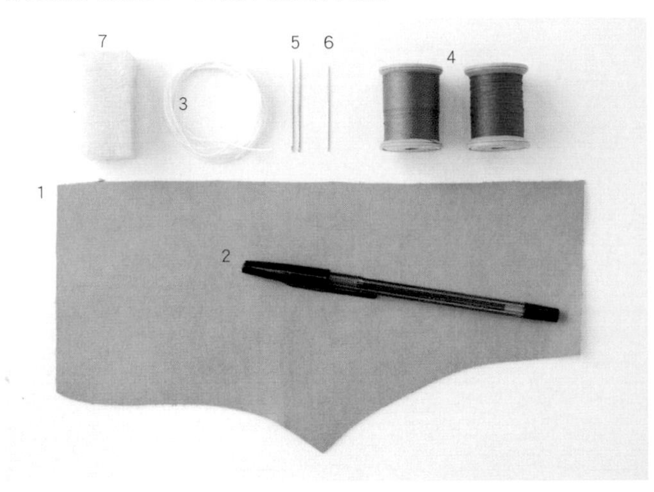

材料

1. 油鞣牛皮革　芥末色或紅色
15cm×5cm 、6cm×8cm 各一張
2. 原子筆(本作品是用pilot superS 0.7) 一支
3. 麻線手縫線 中細 白色
4. 車縫線 30號(用於刺繡) 顏色請參考圖片 適量

用具

5. 皮革用美國針 2根
6. 皮革用手縫針
7. 蠟(手縫線上蠟用。已經上蠟的線就不需要)

其他
裁刀、剪刀、夾子、菱錐、圓規、CMC、布、單菱斬、六菱斬、定規、上膠片、接著劑、木槌、槌台、膠板

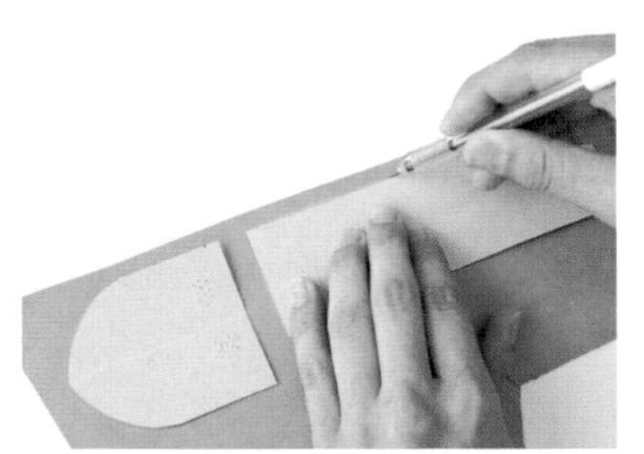

1 將57頁的紙型描摹在皮革上。

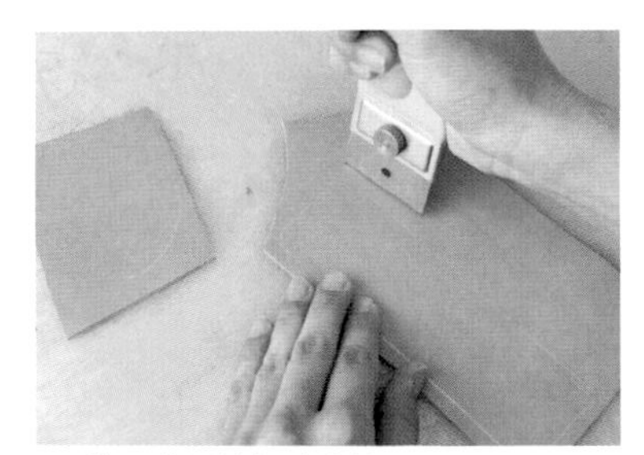

2 將**1**的周邊粗略裁剪。

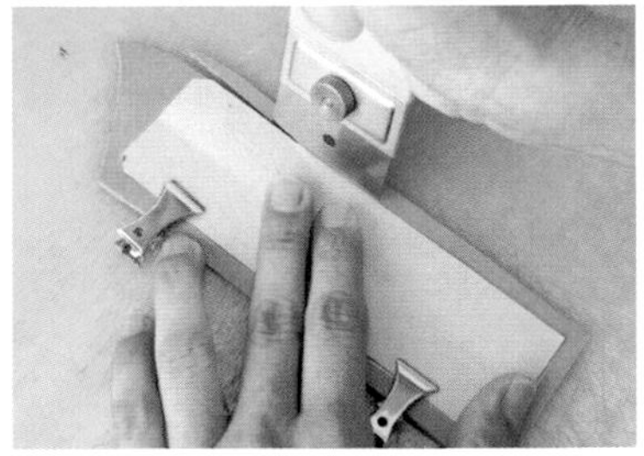

3 用夾子將紙型和**2**夾在一起，沿著紙型裁剪。

KAZUKO

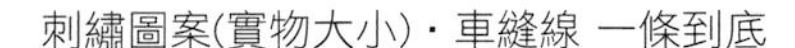
刺繡圖案(實物大小)・車縫線 一條到底

KAZUKO

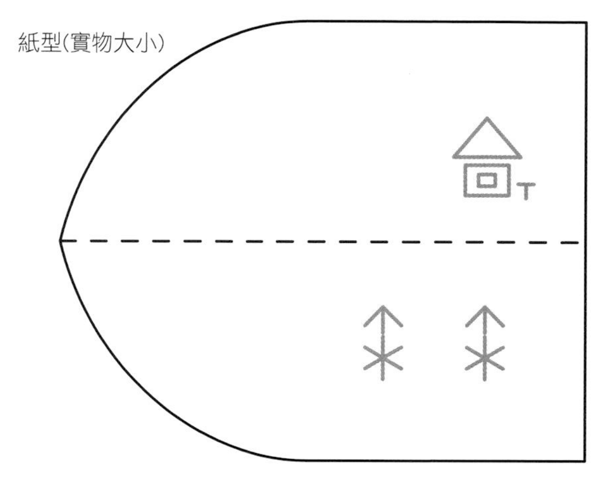

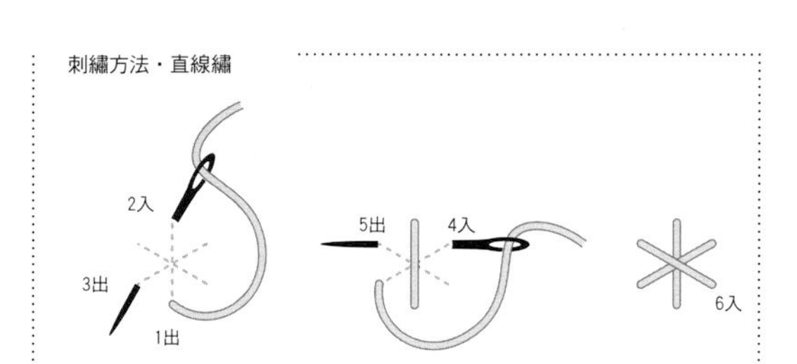

4 裁剪好的筆蓋和筆身。

5 筆身、筆蓋的內面(接觸筆的中央部份)塗上CMC。

6 筆身、筆蓋入口的切邊也塗上CMC。

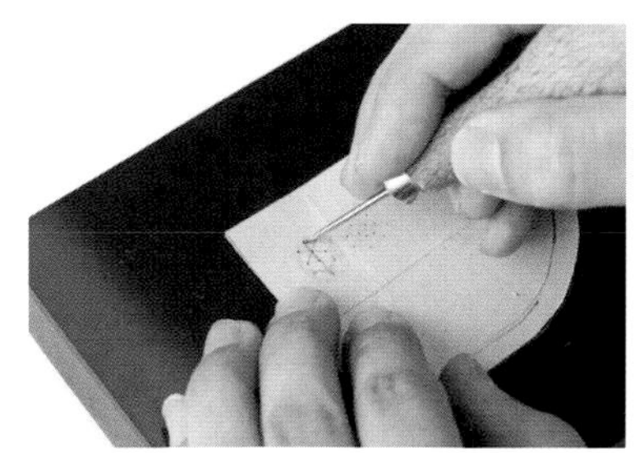

7 再次將紙型和筆蓋放在一起用菱錐鑽出刺繡的圖案。

8 拿掉紙型之後，用菱錐鑽好孔洞。

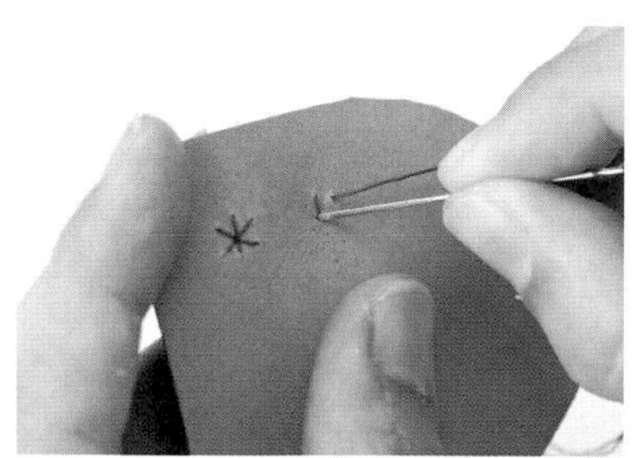

9 用皮革用手縫針及車縫線在**8**的孔洞上穿線。線頭要打結。

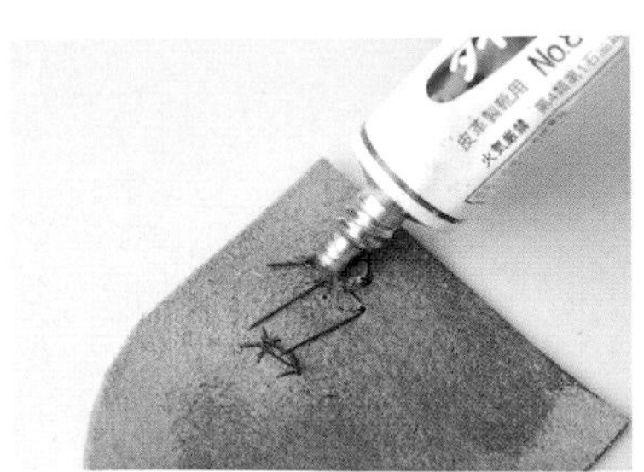

10 頭尾的線頭用接著劑固定。

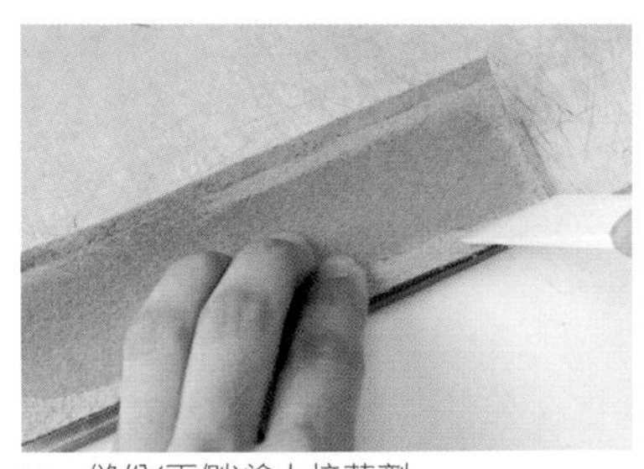

11 縫份(兩側)塗上接著劑。

12 將縫份合起來黏著。

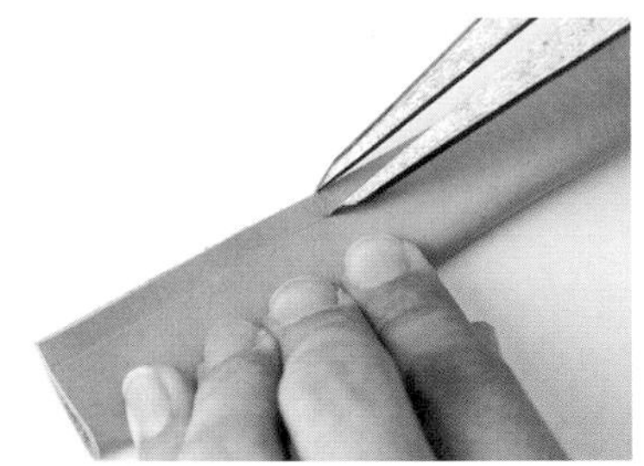

13 用圓規在筆身的側面和底部及筆蓋的側面畫出縫合線。距離邊緣4mm。

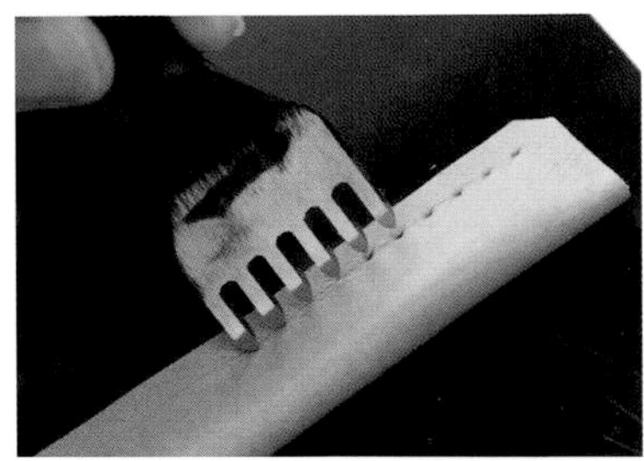

14 用六菱斬在筆身的縫合線作針腳記號。

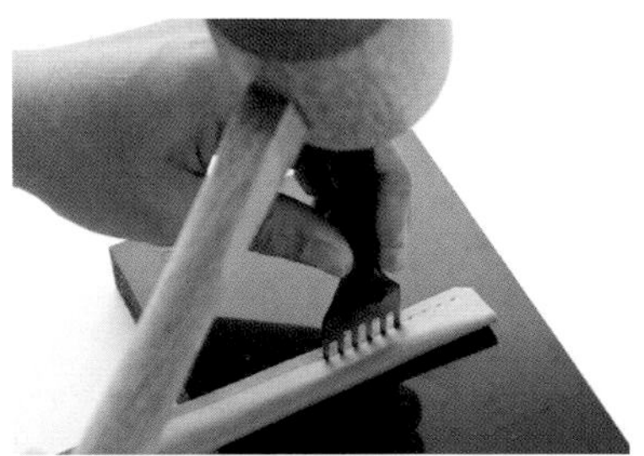

15 用六菱斬在14的記號打洞。讓最後一個洞重複打距離就會相等。

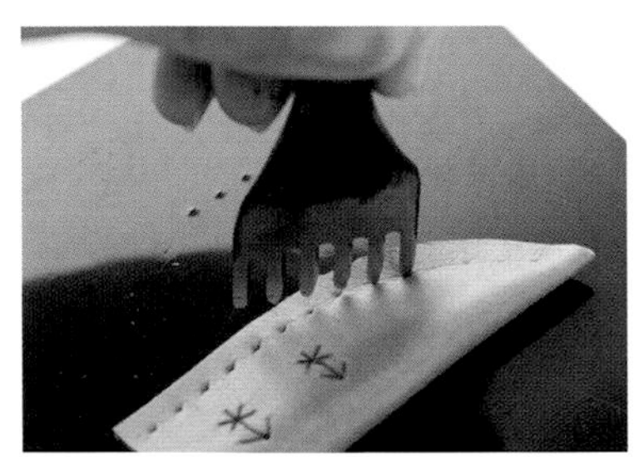

16 筆蓋也一樣打洞。轉彎的地方用菱斬輕輕的壓，取出針腳的間隔。

17 轉彎的地方用單菱斬打洞。

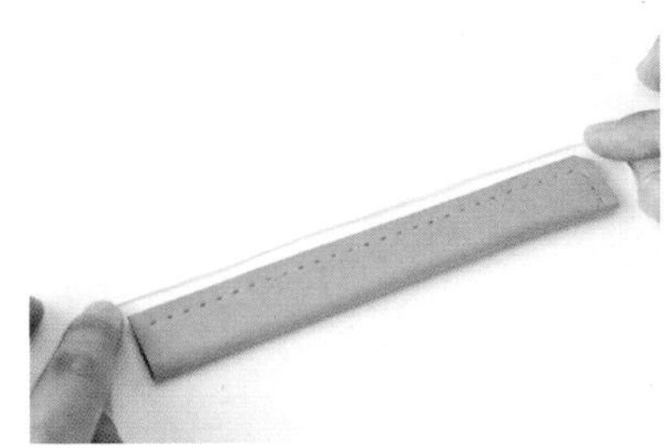

18 請準備比要縫的長度長四倍的麻繩手縫線。

19 在第18步驟所準備的線上塗上蠟，讓線滑順。使用已經上蠟的線者可省略此步驟。

20 將步驟19的線穿過美國針，將針穿過線頭另一端的線。

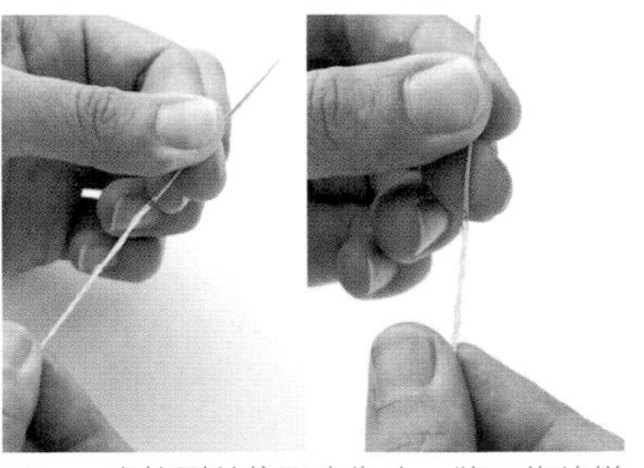

21 一直拉到針停下來為止，將二條線搓在一起，讓線牢牢纏在一起。

22 將另一端的線頭穿過第二根針，重複21、20的步驟。

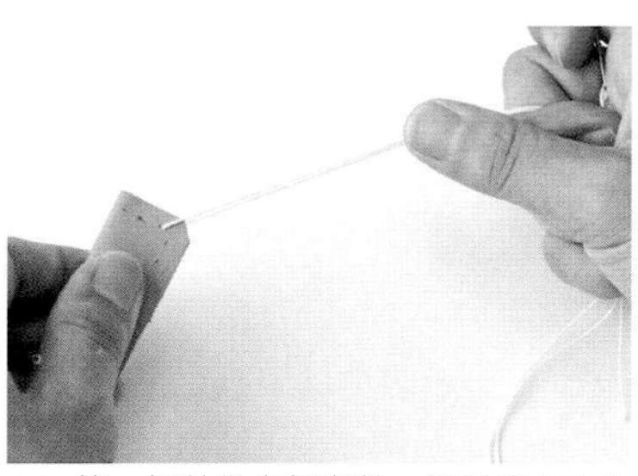

23 第一根針從底部穿針，拉到線中央之後讓兩根針的線的長度一樣長。

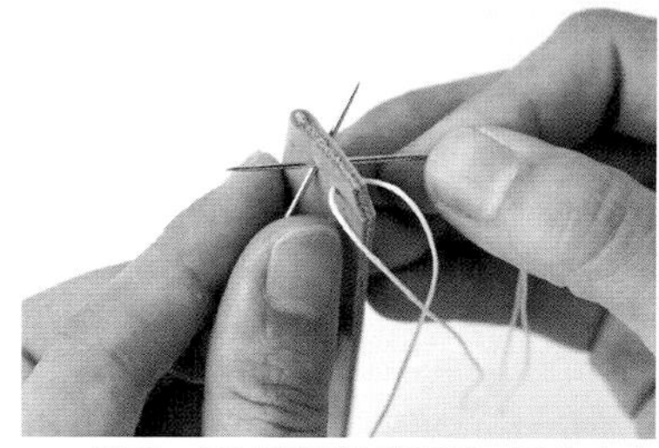

24 從下一個針腳將針從兩個不同方向穿過孔。

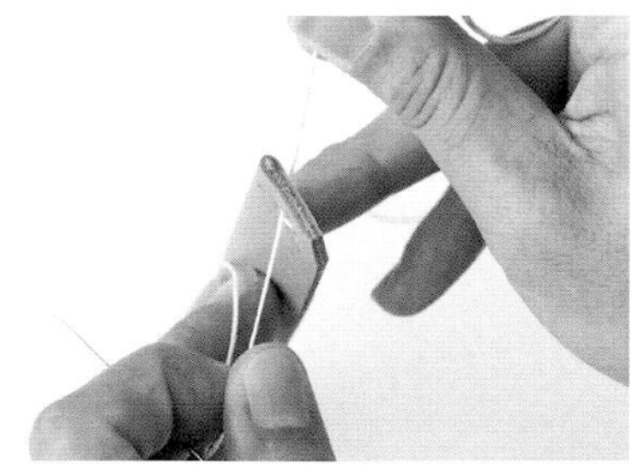

25 將線往左右拉，拉緊針腳。

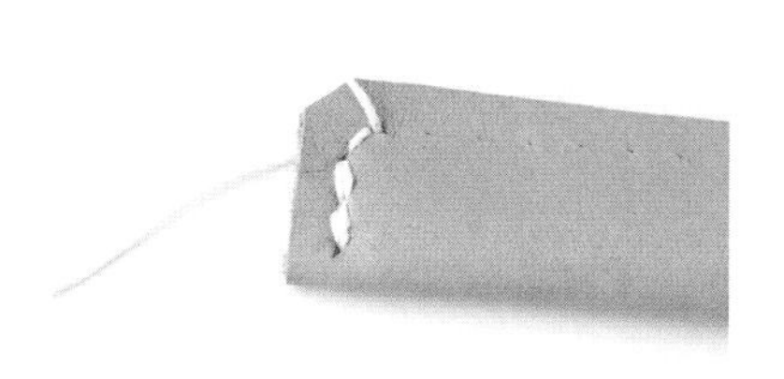

26 開始縫時反覆縫2、3針。反覆縫的地方。

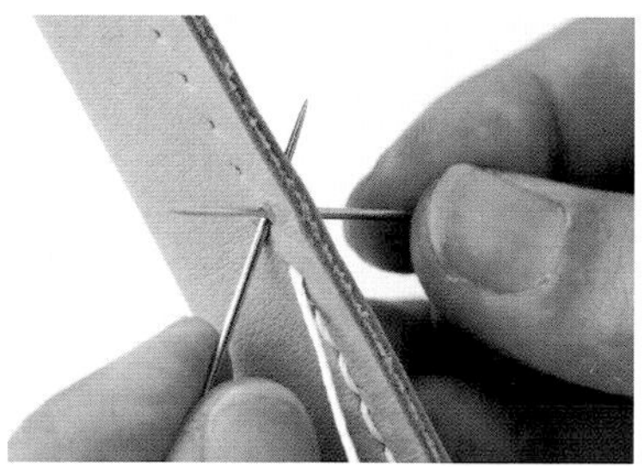

27 接下來縫旁邊。讓同一邊的針在上面的話針腳就會對齊。

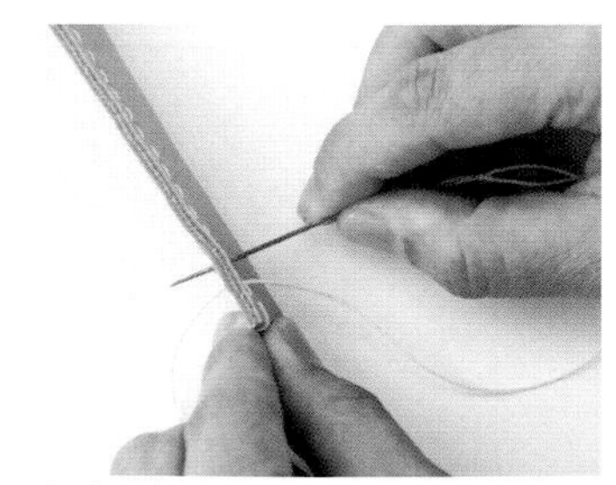

28 縫到最後也和25一樣重複縫。

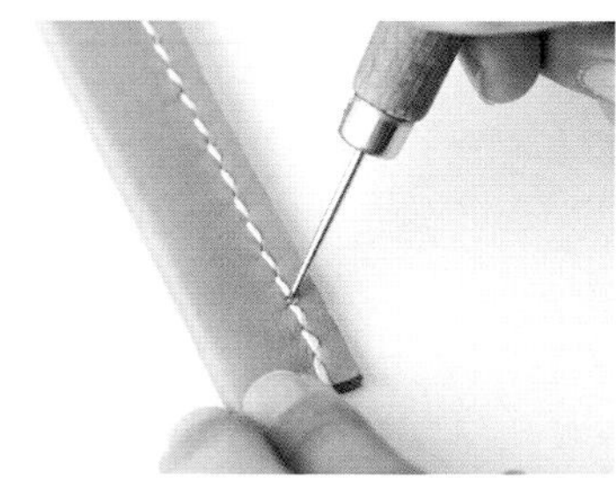

29 縫完的線頭沾上接著劑，用錐子塞進針腳就完成。

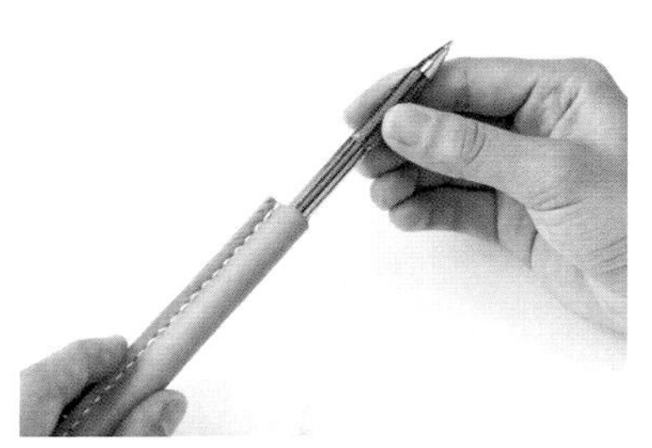

30 將原子筆插進筆身。

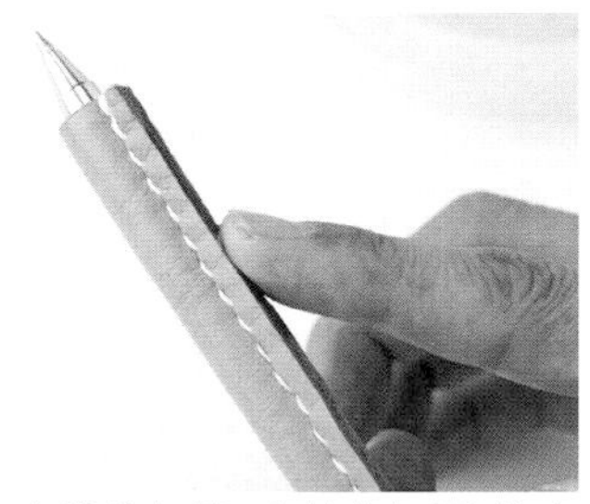

31 在旁邊的切邊(皮革的切面)塗上CMC，用布磨擦。

32 筆蓋也和筆身一樣縫製，完成。

兔毛包包

圖片 » 第4、5頁

材料及用具

皮革/牛皮　棕色50cm×60cm 、皮繩　寬2cm的棕色125cm、兔毛　棕色約21cm×18cm
布・蕾絲・蝴蝶結/棉麻布料60cm見方、接著芯60cm見方、純棉編織花邊　寬1.3cm的灰白色 15cm、天鵝絨緞帶 寬0.7cm的棕色50cm
其他/磁扣 直徑1.8cm一組、四角環2cm×1.5cm 2個、皮革用車縫線 駱駝色、鉚釘大 四組
※用具請參考第54、55頁，準備必需品。

完成品尺寸

參照紙型

作法

❶在皮革棉麻布料上描摹紙型(第64頁)。在棉麻布料內面貼上接著芯，分別裁開。
❷將皮革的前側和底布的外面摺到裡面用夾子暫時固定，之後用縫紉機縫起來。(圖片a)
❸皮革的後側也和❷一樣縫合。
❹在❷、❸的縫份的轉彎地方剪一個切口(圖片b)，翻回表面調整形狀(圖片c)。
❺將口袋的布如圖般摺疊，在袋口處縫上花邊蕾絲。
❻在裡布的後側縫上❺。
❼將裡布用珠針暫時固定，和皮革一樣縫合起來，在縫份剪個切口。
❽將❼的袋口的縫份反摺，在前後的中間裝上磁扣(圖片d)。
❾將兔毛依後面皮包開口的寬度剪成翅膀的形狀(圖片e)。
❿在❹和❽的袋口內面塗上接著劑(圖片f)，將底部・前面部份用夾子暫時固定(圖片g)。
⓫將兔毛夾在皮革和內裡之間，用接著劑暫時固定(圖片h)。
⓬用縫紉機將袋口周圍縫起來(圖片i)。
⓭將背帶頭對折用縫紉機縫在⓬的後面(圖片j)。
⓮將四角環扣裝在⓭(圖片k)。
⓯將皮繩如圖般穿洞，穿過⓮用鉚釘固定(圖片l)。
⓰將天鵝絨緞帶打成蝴蝶結縫在兔毛上。

1.

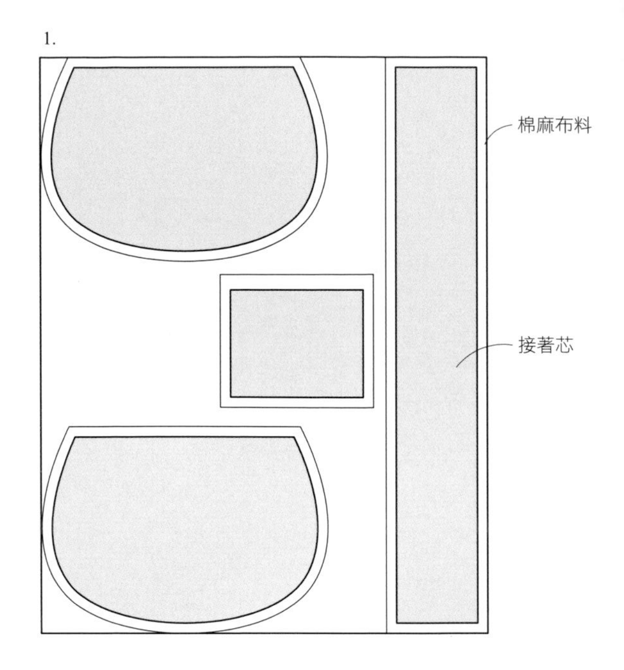

5.

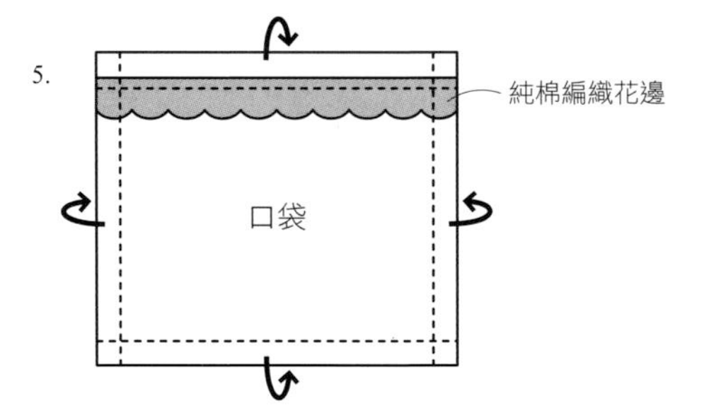

15.

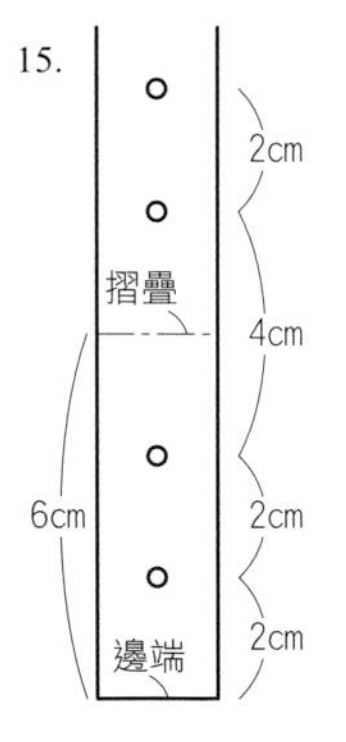

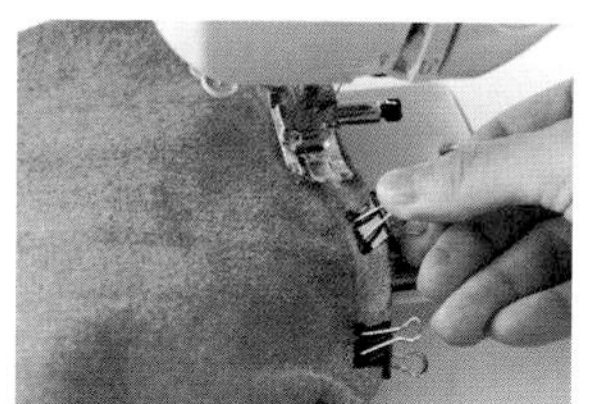

a 邊取下暫時固定的夾子邊縫。

拿掉夾子之後提高壓布腳。

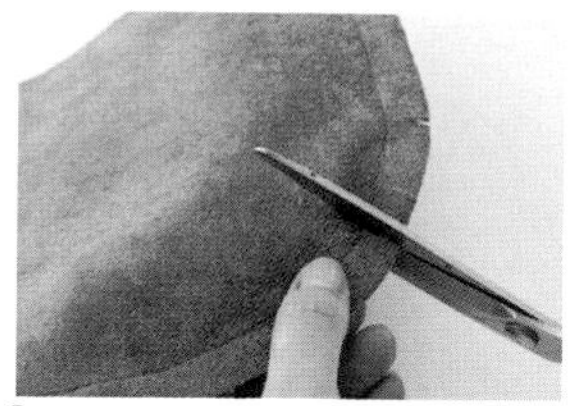

b 在轉彎處剪上一個切口。

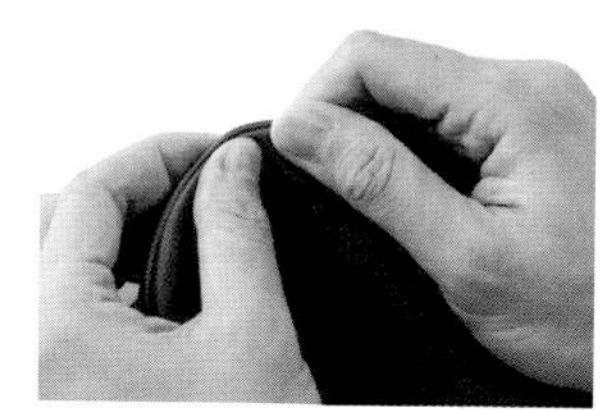

c 用手指調整將縫線往內凹隱藏起來。

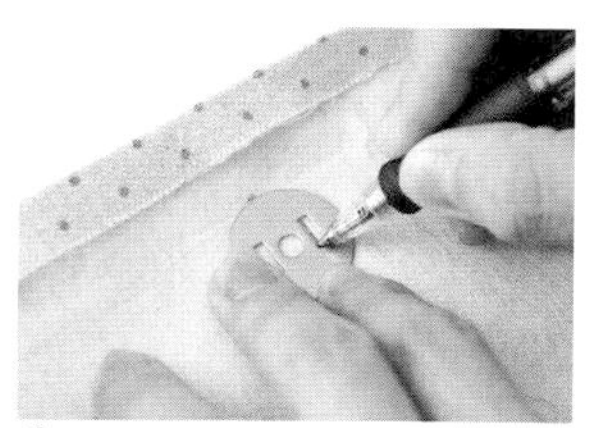

d 將磁扣的金屬固定腳突出的地方劃開。

在內側將為了防止綻開而從裡面貼的布(皮革布)和金屬零件疊在一起，將磁扣的腳從外面穿過去。

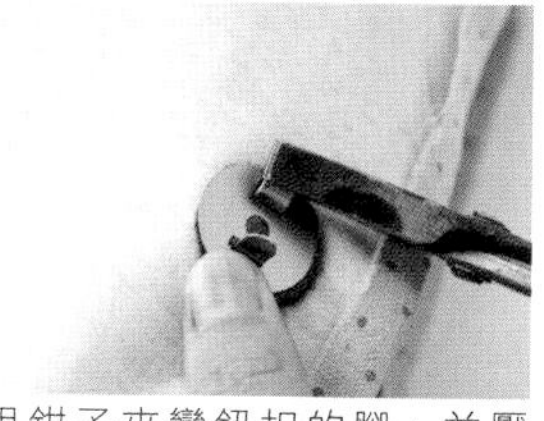

用鉗子夾彎鈕扣的腳，並壓平。

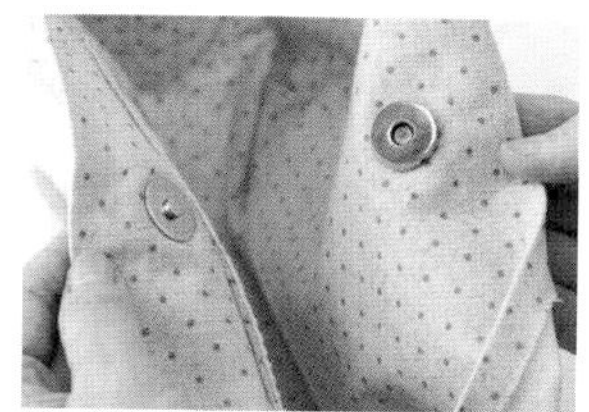

裡布的前後裝有磁扣。

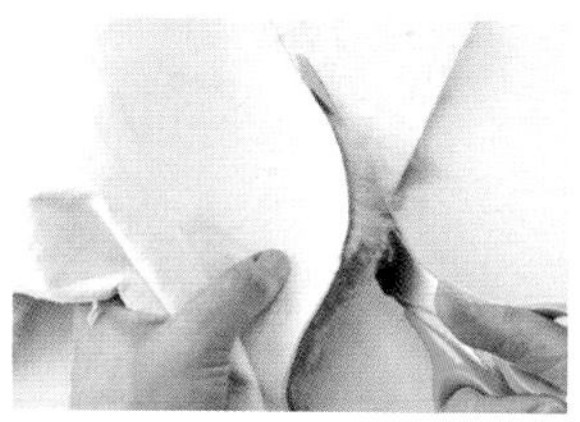

e 將剪刀放平用刀尖斜剪兔毛皮，不要剪到毛。

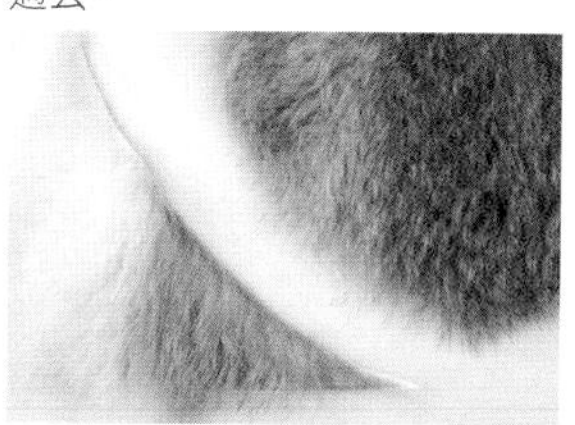

從正面看剪好的樣子。背在右邊的人，兔毛皮剪成左邊是斜的。

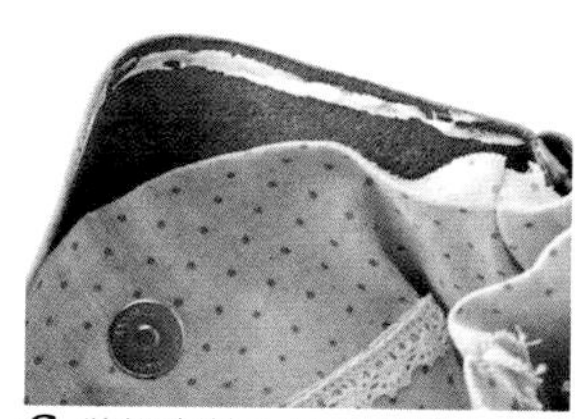

f 將裡布放入包包本體，將針腳互相對齊。

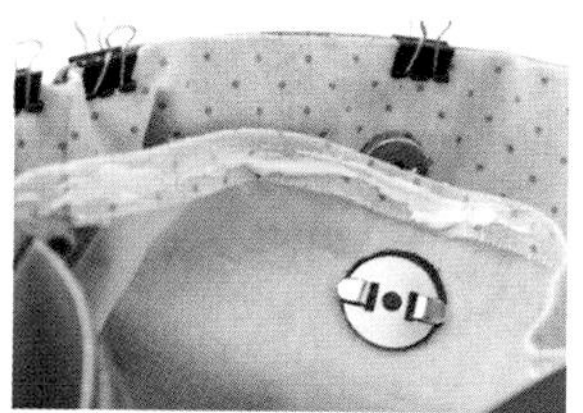

g 後面的本體和裡布之間要夾進兔毛，所以不要合起來。

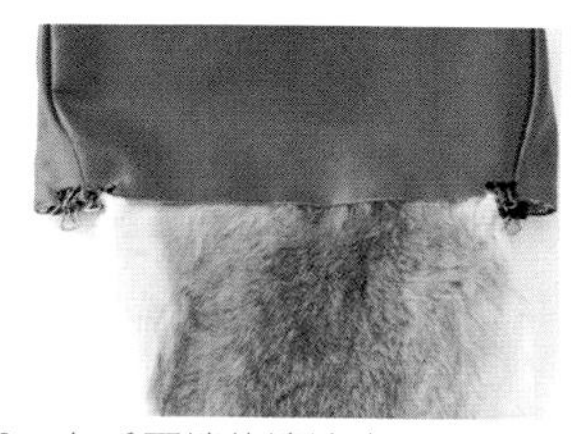

h 兔毛兩端的邊邊也要用夾子固定。

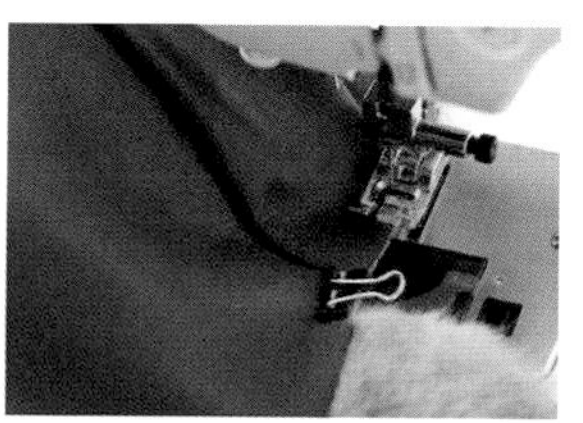

i 開始縫的2、3針要回針縫，從底部開始縫。縫完之後也要用回針縫。

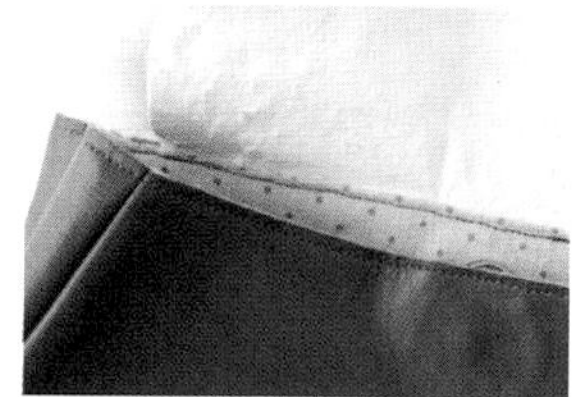

四周都縫好了。

j 將縫份用接著劑黏起來。

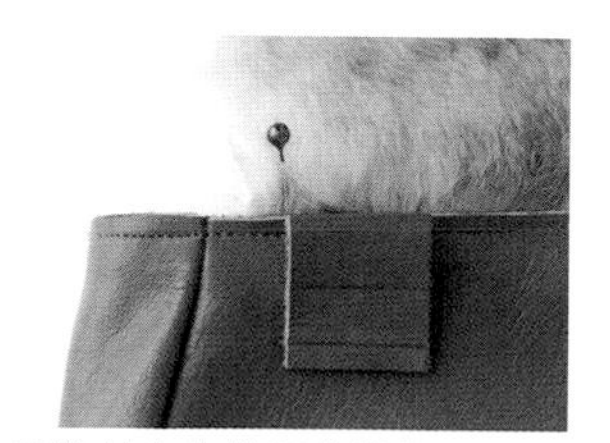

用縫針在背帶頭安裝位置作記號，用縫紉機縫上去。

k 用鉗子調整好四角環的形狀。

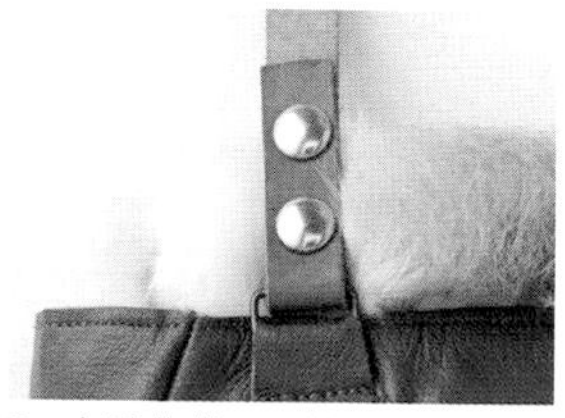

l 穿過背帶，用鉚釘固定。

蕾絲花貼包包

圖片 » 第6、7頁

材料及用具

皮革/牛皮　深褐色70cm×40cm
布料・蕾絲/棉質90cm×20cm、蕾絲花貼灰白色22cm×17cm、純棉編織蕾絲　寬2.5cm的灰白色17cm、接著芯90cm×20cm
其他/皮革用車縫線　褐色、皮革用車縫針、皮革用壓布腳、皮革用手縫針、接著劑、錐子、夾子

完成品尺寸

參照紙型

作法

❶將紙型描摹在皮革、棉布上。在棉布的內側貼上接著芯，分別留邊剪開。
❷在蕾絲花貼的內面每個地方都沾上接著劑，貼在皮革的中央。
❸將❷的周圍用手縫合起來(圖片a)。
❹將皮革的前後面的正面互相對齊，用夾子固定縫份。將袋口以外的地方用縫紉機縫合起來。
❺在❹的縫份的轉彎處剪個切口，翻回正面調整形狀。
❻將口袋的布如圖般摺疊，在袋口處縫上純棉編織蕾絲。
❼將❻縫在裡布的後面。
❽在袋口用的皮革的內面塗上接著劑，如圖般貼在裡布的袋口側。
❾將❽的前面和後面面對面合在一起，將袋口以外的地方用縫紉機縫起來。
❿在❾縫份的轉彎處剪上切口。
⓫在提把的皮革內面塗上接著劑黏合，車上端車縫。
⓬將❺放入❿重疊，將袋口用夾子固定。
⓭將提把夾在皮革和裡布之間，用夾子固定以免移位。
⓮如圖般在袋口周圍車上端車縫。夾住提把的地方要車兩遍。

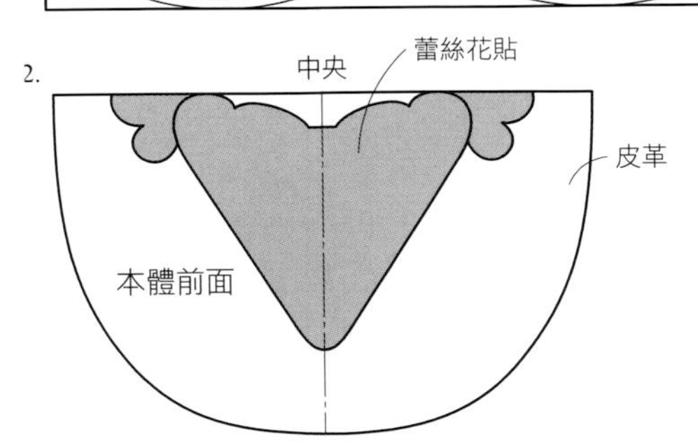

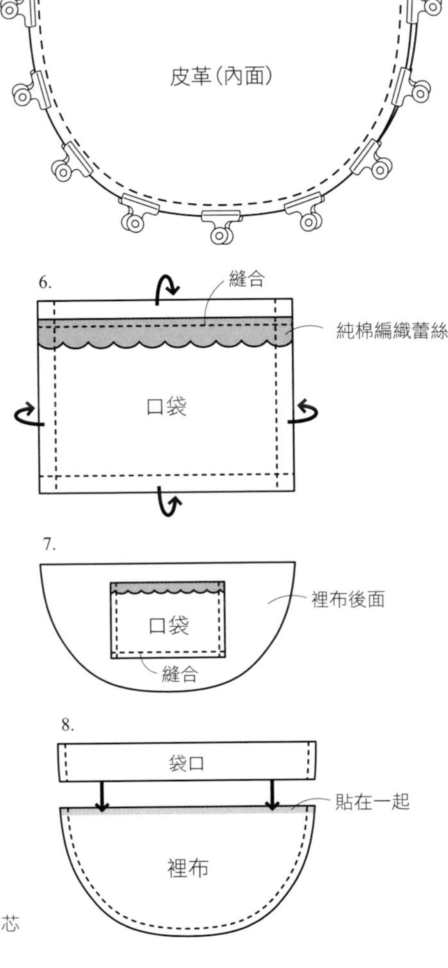

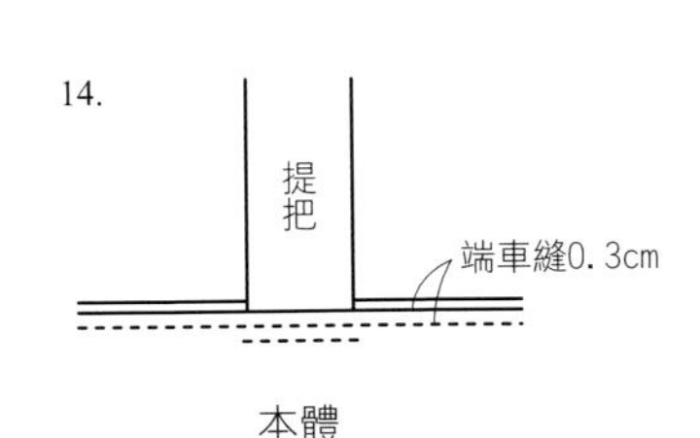

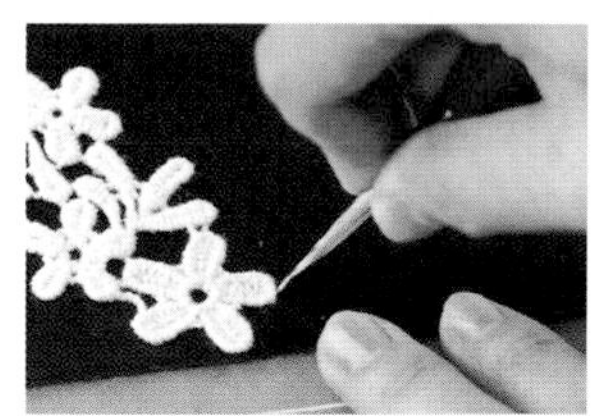

a 事先用錐子在蕾絲的內側和外側鑽出針腳的洞。

將針從蕾絲的外面往裡面穿。稍微粗略的縫合。

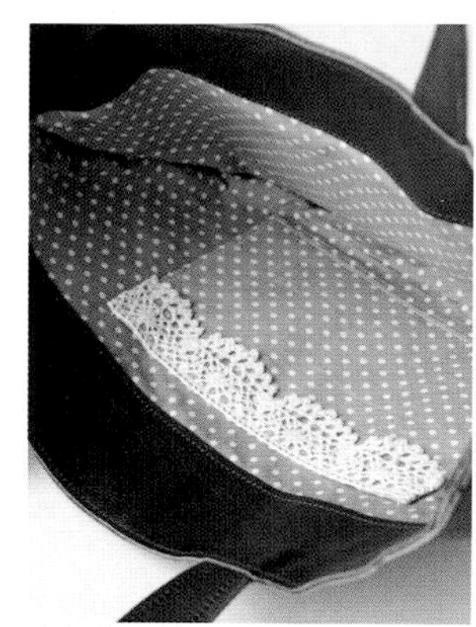

皮包的內側。縫上純棉編織蕾絲的口袋。

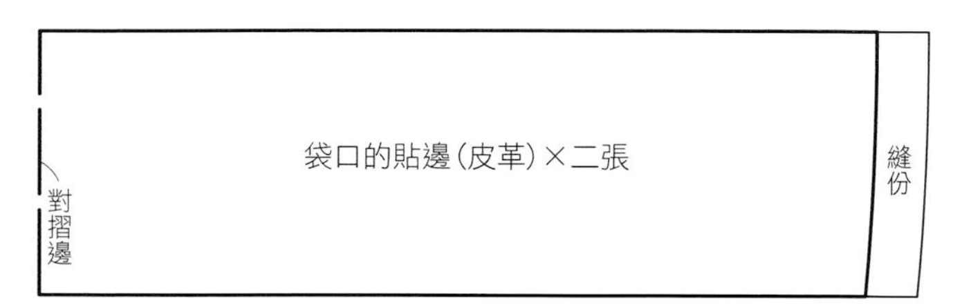

對摺邊

提把（皮革）×四張

紙型

・放大200%使用

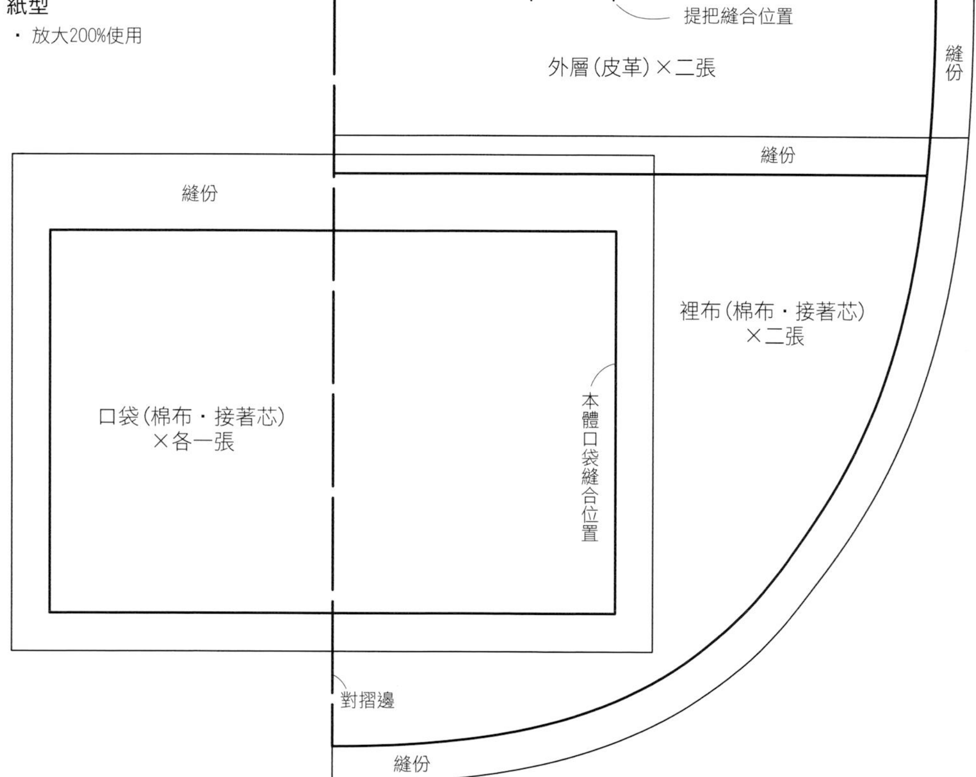

紙型

・放大200%使用

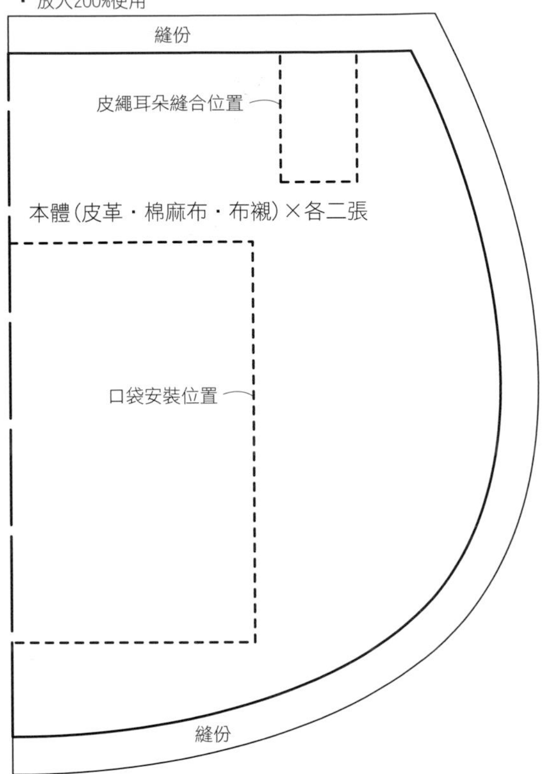

皮繩耳朵(皮革)×二張

縫份

口袋(棉麻布，布襯)×各一張

縫份

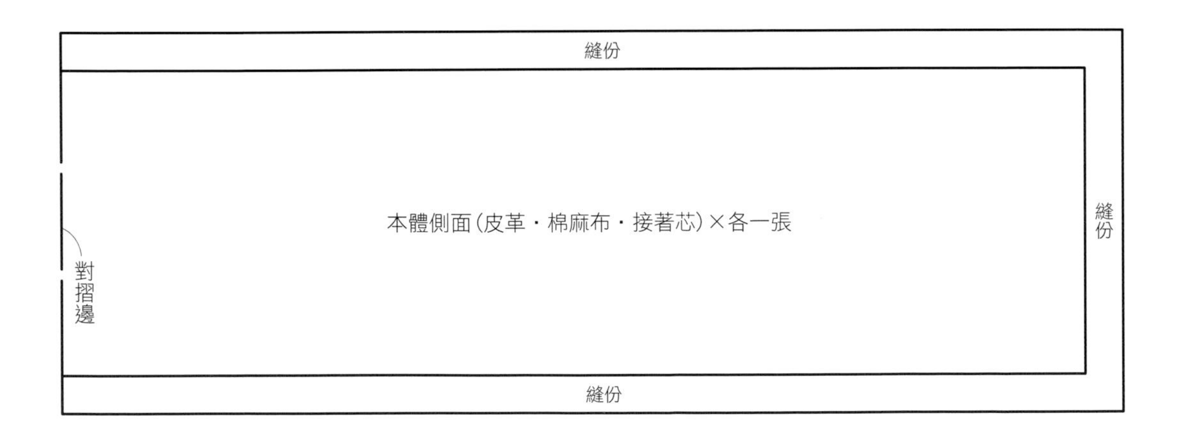

皮革和蕾絲的相框

圖片 » 第8頁

材料及用具

皮革/牛皮　深褐色17cm×13cm
蕾絲/坎密克蕾絲(chemical lace)寬1.5cm的灰白色40cm、純棉編織花邊　灰白色的鳥・花各一張
其他/現成相框 15cm×11cm、接著劑、硬化劑、背面處理劑、裁刀

完成品尺寸

17cm×13cm

作法

❶將紙型用雙面膠貼在皮革上，用裁刀裁剪(圖片a、b)。
❷將硬化劑塗在❶的皮革內面(圖片c)，晾乾。
❸用背面處理劑讓❷的切面變滑順。
❹沿著❸的內圈貼上坎密克蕾絲。
❺將蕾絲花貼勻稱的貼在❹上。
❻將接著劑塗在現成的相框框架上，貼上❺。

a 將紙型貼在內面，從外圈裁開。

b 裁好外圈之後，裁開內側。

c 用筆塗上溶於水的硬化劑。筆也會變硬，所以用完之後要馬上洗乾淨。

紙型
・放大200%使用
・裁剪

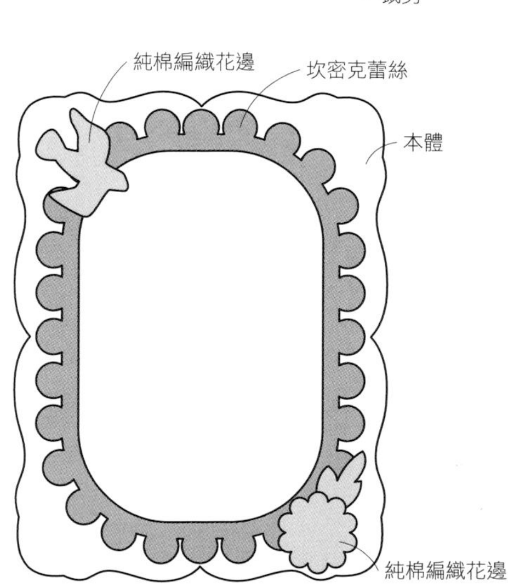

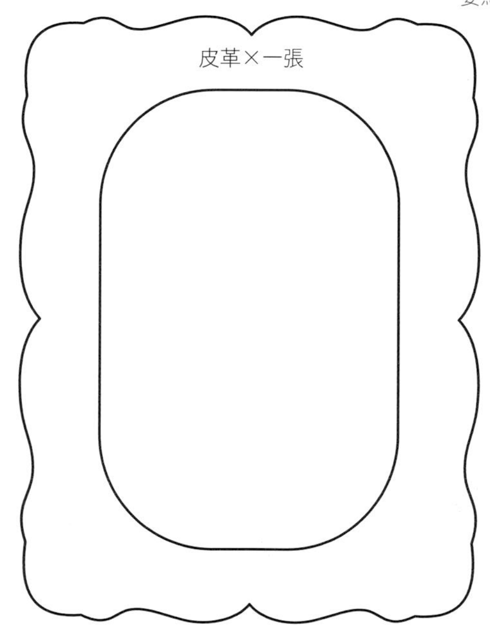

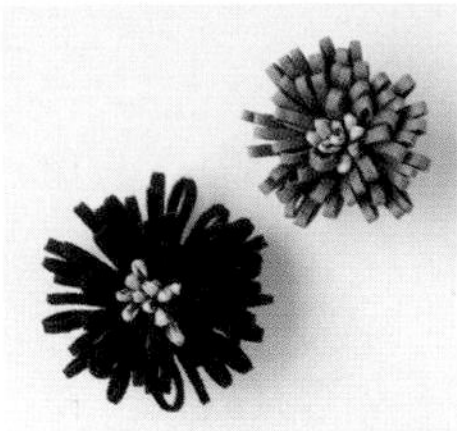

麂皮鞋飾

圖片 » 第10、11頁

材料及用具(一雙份)

皮革/豬皮麂皮風味　酒紅色6cm×15cm二張
其他/花芯　百合用24根、水彩用具　赭色、鞋飾金屬零件二個、皮革用金屬接著劑、接著劑、夾子、線

完成品尺寸

直徑約5cm

a 在距離邊緣5mm處塗上接著劑。

作法

❶將接著劑塗在皮革表面(圖片a)對折，用夾子固定直到變乾為止(圖片b)。
❷將❶的接著側留5、6mm，間隔3mm剪上切口(圖片c)。
❸用水彩幫花芯上色。乾了之後每十二根綁一束，根部塗上接著劑，用線綁起來(圖片d)。
❹在❷保留的地方塗上接著劑，將❸捲起來(圖片e、f)。暫時用手指固定。
❺❹乾燥之後，在底部塗滿金屬用接著劑貼上鞋飾金屬零件(圖片g)。
❻另一支腳也是同樣的作法。

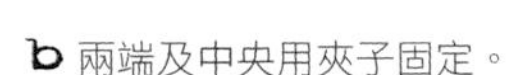

b 兩端及中央用夾子固定。

c 注意不要剪到接著的地方，等間距的剪上切口。

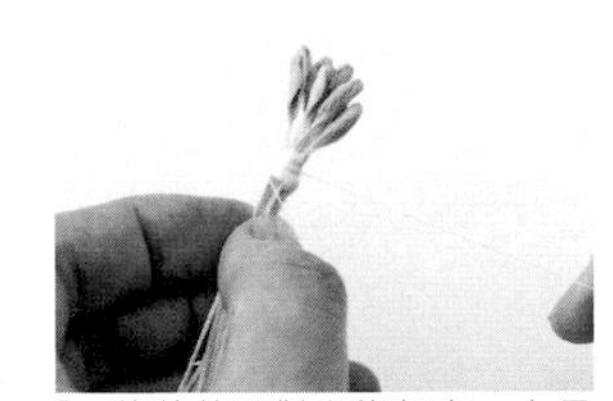

d 將花芯頭對齊綁起來，太長的軸心要剪掉。

e 開始捲的時候將花芯放上去，注意頭不要露出來。

f 根部要紮緊。

g 底部觀。暫時用手指頭壓住固定。

紀念圖章的記憶手冊

圖片 » 第9頁

材料及用具

皮革/牛皮　赭色15cm×22cm、皮繩寬0.3cm的赭色 20cm
其他/現成的筆記本　左開的A6大小、直徑10cm圓形的蕾絲紙　白色一張、用過的郵票一張、8cm×3.5cm的艾菲爾鐵塔紀念圖章、印台　棕色顏料墨水、接著劑

完成品尺寸

A6大小

作法

❶依筆記本的大小裁剪皮革(封面+書的厚度+底面)。
❷如圖般將皮繩貼在❶的裡面。
❸將接著劑塗在❷的內面貼上筆記本。皮繩放到外面。
❹等❸乾燥之後蓋上紀念圖章，並勻稱的貼上蕾絲紙、郵票。

可愛動物夾

圖片 » 第18、19頁

材料及用具(二件份)

皮革/牛皮　褐色 20cm×6cm
串珠/塑膠串珠　直徑約2～1.2cm花朵形狀三種、珍珠串珠直徑約0.3cm的白色4顆
其他/木製夾子　長度4.5cm二個、皮革用金屬接著劑、接著劑、硬化劑

完成品尺寸

參照紙型

作法

❶將皮革依紙型裁剪。
❷用接著劑黏貼❶，將兔子、松鼠各兩張疊在一起。
❸將硬化劑塗在❷的內面，晾乾。
❹用皮革用金屬接著劑將串珠黏在❸的表面。
❺用皮革用金屬接著劑將❹黏在木夾子上。

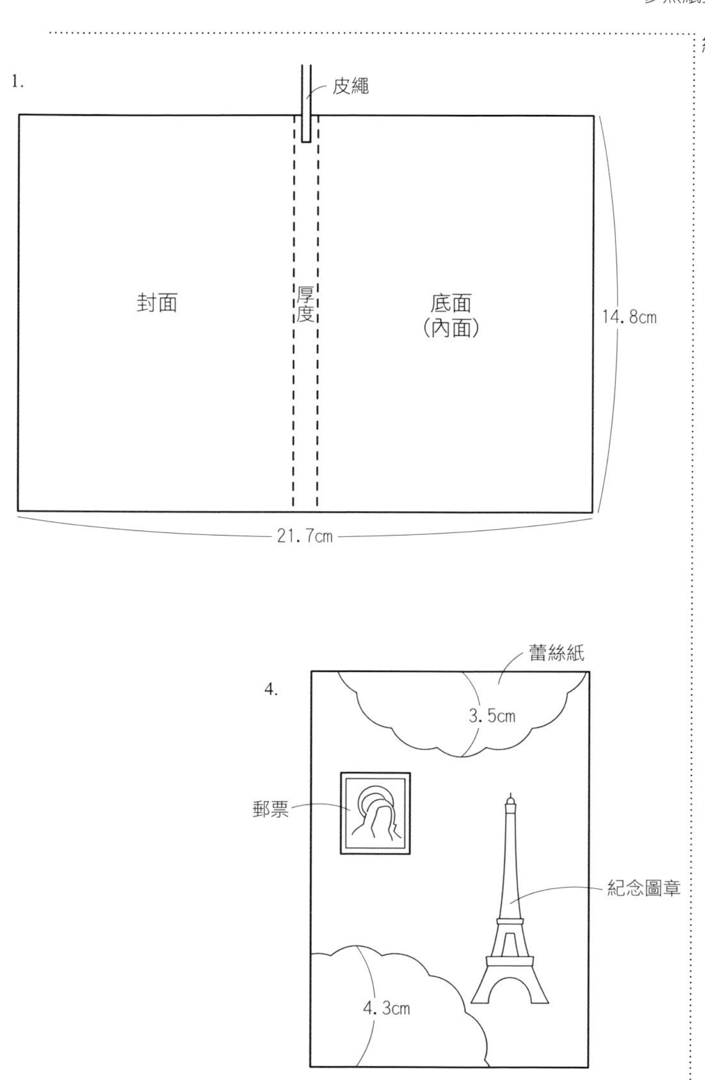

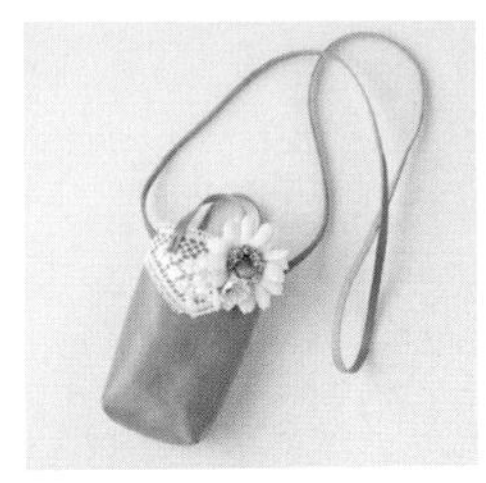

蕾絲手機袋

圖片 » 第12、13頁

材料及用具

皮革/牛皮　淡褐色12cm×30cm
皮繩(Botanical leather 811)寬0.5cm的原皮　116cm/蕾絲花貼白色11cm×5cm
其他/人造花二種、別針　直徑2.5cm一個、接著劑、皮革用金屬接著劑、皮革用車縫線　褐色、皮革用車縫針、皮革用壓布腳

完成品尺寸

參照紙型

作法

❶將皮革依紙型裁剪。
❷在蕾絲花貼的所有內側塗上接著劑暫時固定在❶，用縫紉機縫上。
❸將皮繩各剪出13cm二條及90cm一條。
❹將13cm的皮繩用縫紉機縫在❷的提把位置上。
❺將❹內面摺在裡面，用夾子暫時固定，兩邊用縫紉機縫合。
❻將底部用夾子暫時固定，用縫紉機縫合。
❼用錐子在❻的兩邊打洞，製作皮繩耳朵。將90cm的皮繩穿過耳朵，兩端在內側打結。
❽將人造花調整好形狀紮起來，將別針用皮革用金屬接著劑黏在背面。將別針裝飾在蕾絲的地方。

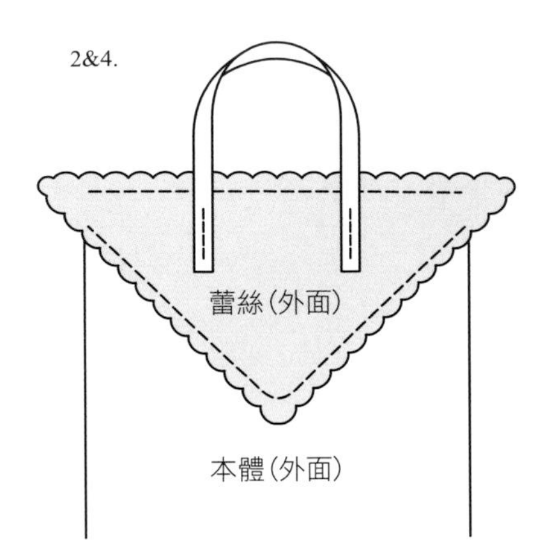

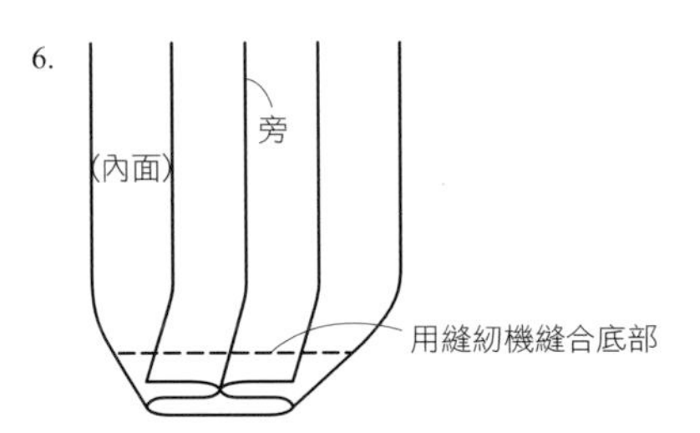

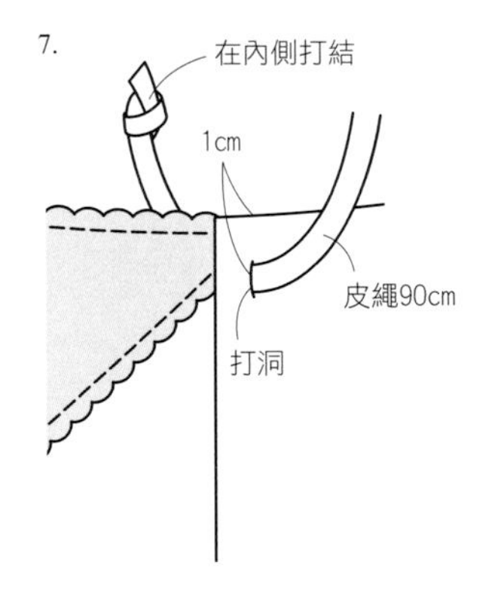

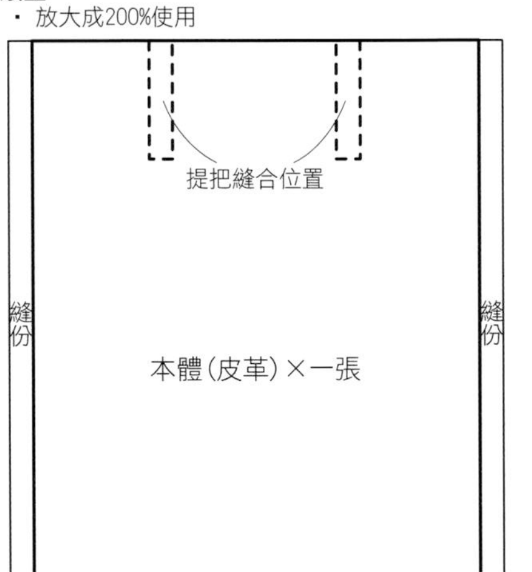

紀念圖章吊飾

圖片 » 第12、13頁

材料及用具

皮革/牛皮　淺褐色 5cm×3cm、深褐色　直徑0.9cm、皮繩(Botanical leather 811)寬0.5cm的原皮70cm

蕾絲/坎密克蕾絲　寬0.8cm的灰白色70cm、蕾絲花貼直徑約1.5cm的灰白色二種

其他/問號頭　直徑4cm一個、雙C圈　直徑1.5cm一個、收繩夾寬1cm二個、珠鏈 12cm、吊飾繩、紀念戳章、印台　褐色顏料墨水、接著劑、鉗子

完成品尺寸

長度 約45cm

作法

❶將皮革照紙型剪裁。

❷將紀念戳章蓋在❶上面，貼上蕾絲花貼。上面貼上圓形皮革後打洞，穿過珠鏈。

❸將皮繩和坎密克蕾絲重疊，中間縫在一起固定。兩端用收繩夾包住，用鉗子夾緊。

❹將❷、❸和問號頭穿過雙C圈，將吊飾繩裝進問號頭。

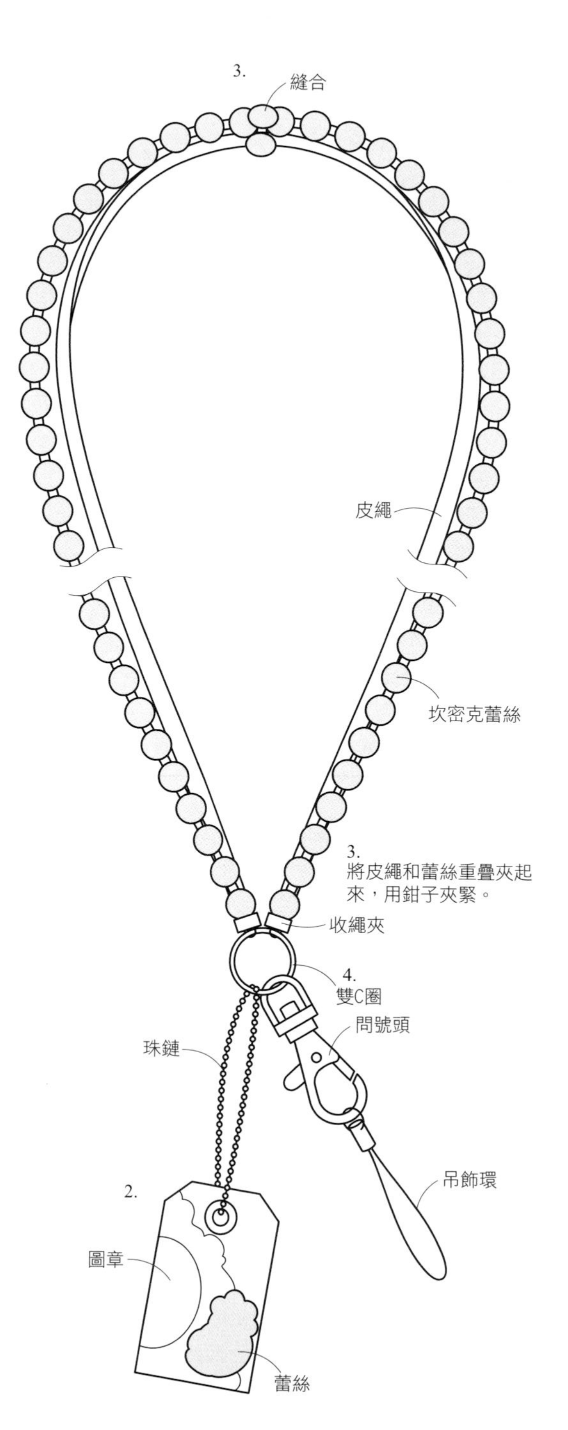

紙型(實物大小)
・裁剪

圓形飾邊
(皮革)×一張

貼在吊飾牌之後用直徑4mm的打洞器打洞。

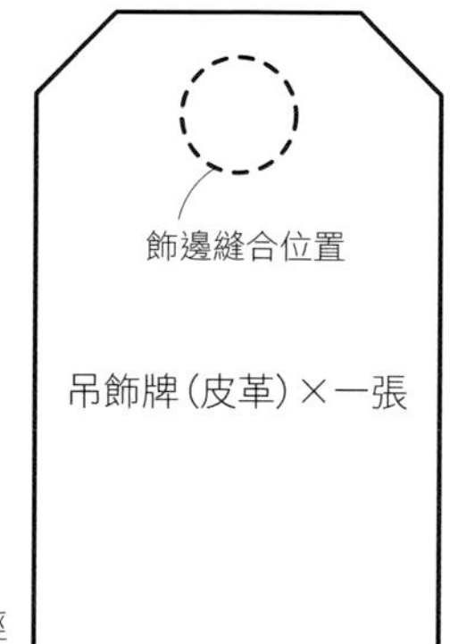

甜美數位相機袋

圖片 » 第14頁

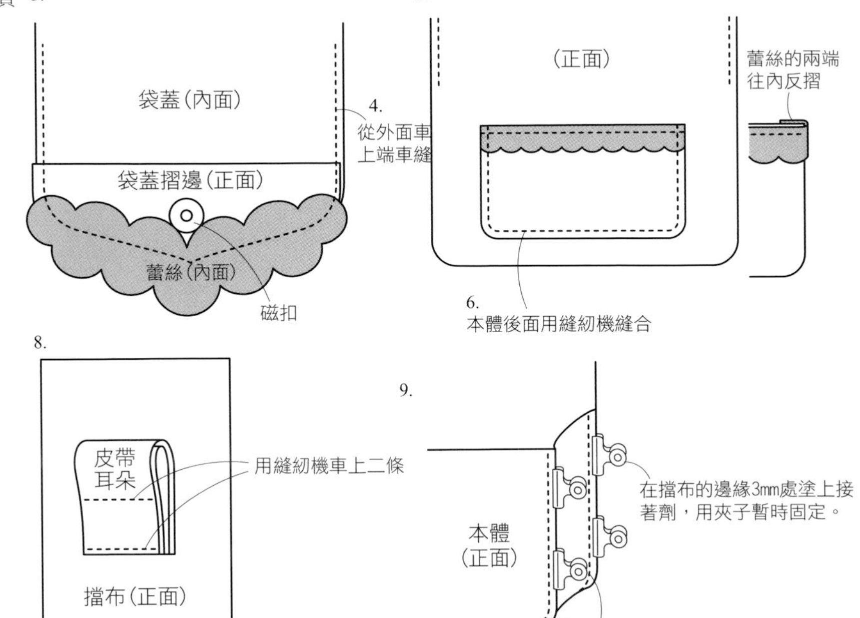

材料及用具

皮革/牛皮　淡褐色35cm×30cm
皮繩　寬1cm的淺褐色120cm
布・蕾絲/棉麻布20cm×30cm
格紋布襯(單面型)20cm×30cm
蕾絲花貼　白色12.5cm×6cm、
純棉編織花邊 寬1.5cm白色11cm
其他/磁鐵鈕扣　直徑1.5cm一組
、四角環1.3cm×2cm二個、問號頭　直徑4cm二個、鉚釘 中二組、皮革用車縫線、接著劑
※用具準備請參考第54、55頁。

完成品尺寸

參考紙型

作法

❶將紙型描摹在皮革、布、格紋接著芯上，布料裁剪時要多留縫份。
❷在本體前面和袋蓋摺邊裝上磁鐵鈕扣。安裝方法請參考第61頁。
❸用接著劑將蕾絲貼花黏在袋蓋摺邊的表面，內面薄薄塗上接著劑貼在袋蓋。
❹袋蓋的四周車上端車縫。
❺用縫紉機在口袋的袋口車上純棉編織花邊。
❻在❺的內面薄薄塗上接著劑貼在本體的後面，車上端車縫。
❼在皮帶耳朵的內面薄薄塗上接著劑，二張合起來周圍車上端車縫。
❽將❼對折用縫紉機車在擋布的側面。
❾在擋布的面(袋口以外的邊緣)塗上接著劑。將本體的前・後布面對外放在一起，用夾子暫時固定。
❿將暫時固定的❾用縫紉機縫起來。
⓫將接著芯用熨斗燙在布料的內面。
⓬將⓫的前・後面和擋布內面相對用縫紉機縫起來。縫份在轉彎處剪個切口。袋口將縫份往內摺，車上端車縫。
⓭將❿放入⓬，在袋口的內面塗上接著劑。
⓮在皮帶耳朵裝上四角環。在皮繩兩端打洞，穿進四角環用鉚釘固定。

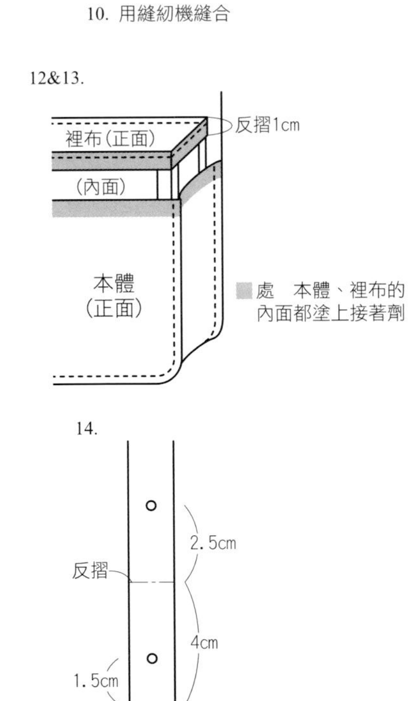

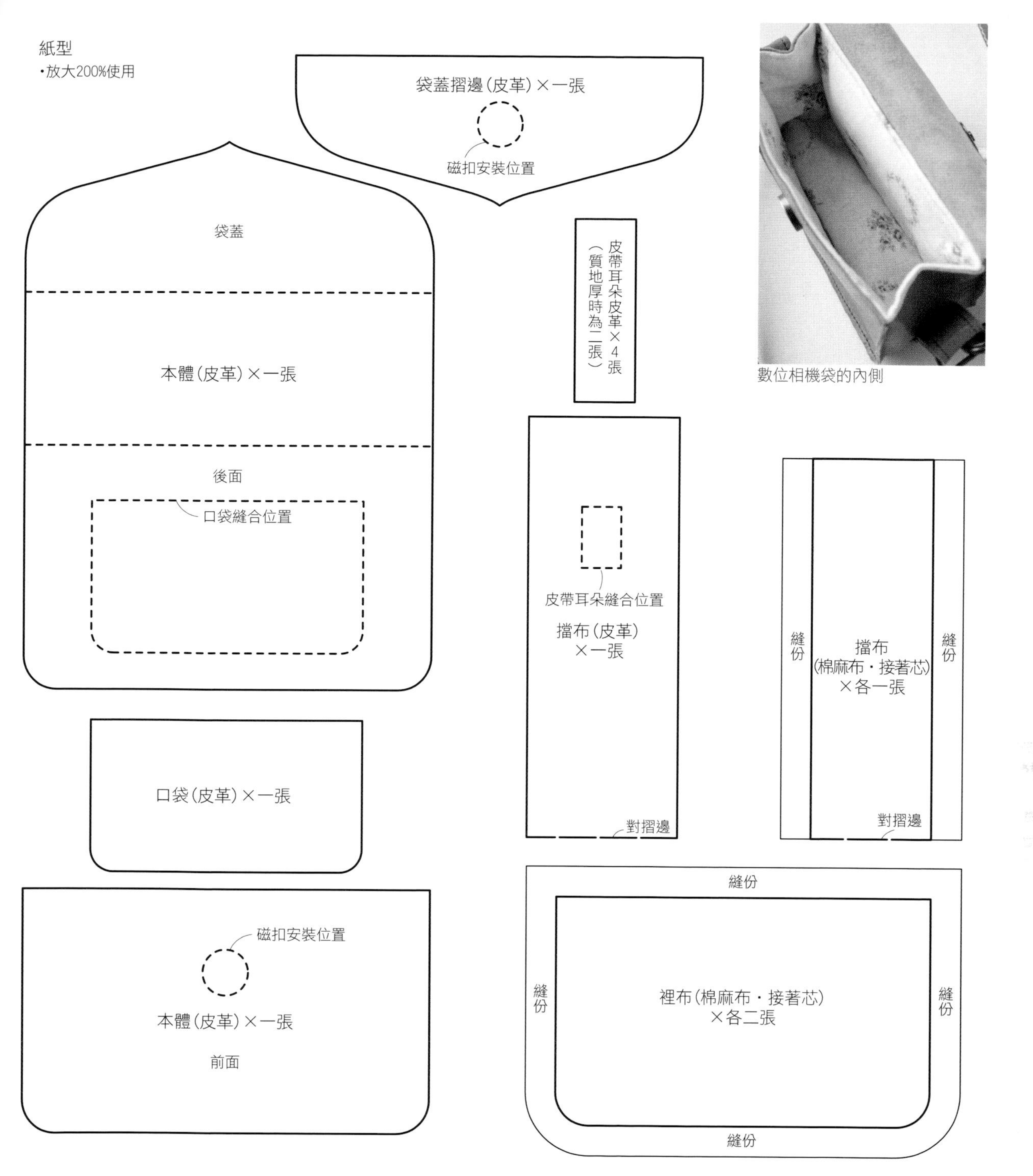
紙型
•放大200%使用
袋蓋摺邊（皮革）×一張
磁扣安裝位置
袋蓋
本體（皮革）×一張
後面
口袋縫合位置
皮帶耳朵皮革×4張
（質地厚時為二張）
皮帶耳朵縫合位置
擋布（皮革）
×一張
對摺邊
縫份
擋布
（棉麻布・接著芯）
×各一張
縫份
對摺邊
口袋（皮革）×一張
磁扣安裝位置
本體（皮革）×一張
前面
縫份
縫份
裡布（棉麻布・接著芯）
×各二張
縫份
縫份
數位相機袋的內側

雅致的筆袋

圖片 » 第15頁

材料及用具

皮革/牛皮　褐色 20cm×20cm、皮繩(Botanical Leather 812)　寬0.3cm棕色　55cm
蕾絲/純棉編織花邊　寬5cm　未漂白　23cm二張
其他/貝殼鈕扣　直徑1.5cm白色一個、皮革用車縫線　褐色、皮革用車縫針、皮革用壓布腳、手縫線、皮革用手縫針、接著劑

完成品尺寸

參照紙型

作法

❶將紙型描摹在皮革上後剪裁。
❷在純棉編織花邊內面塗上接著劑，稍微重疊在本體前面貼上用縫紉機縫合。
❸將皮繩用接著劑暫時固定在袋蓋的內面中央，用縫紉機縫合。
❹將本體的前面和後面的正面向外對齊，用夾子暫時固定，用縫紉機縫合。
❺在距離❸之皮繩兩端4cm的位置縫上貝殼鈕扣。

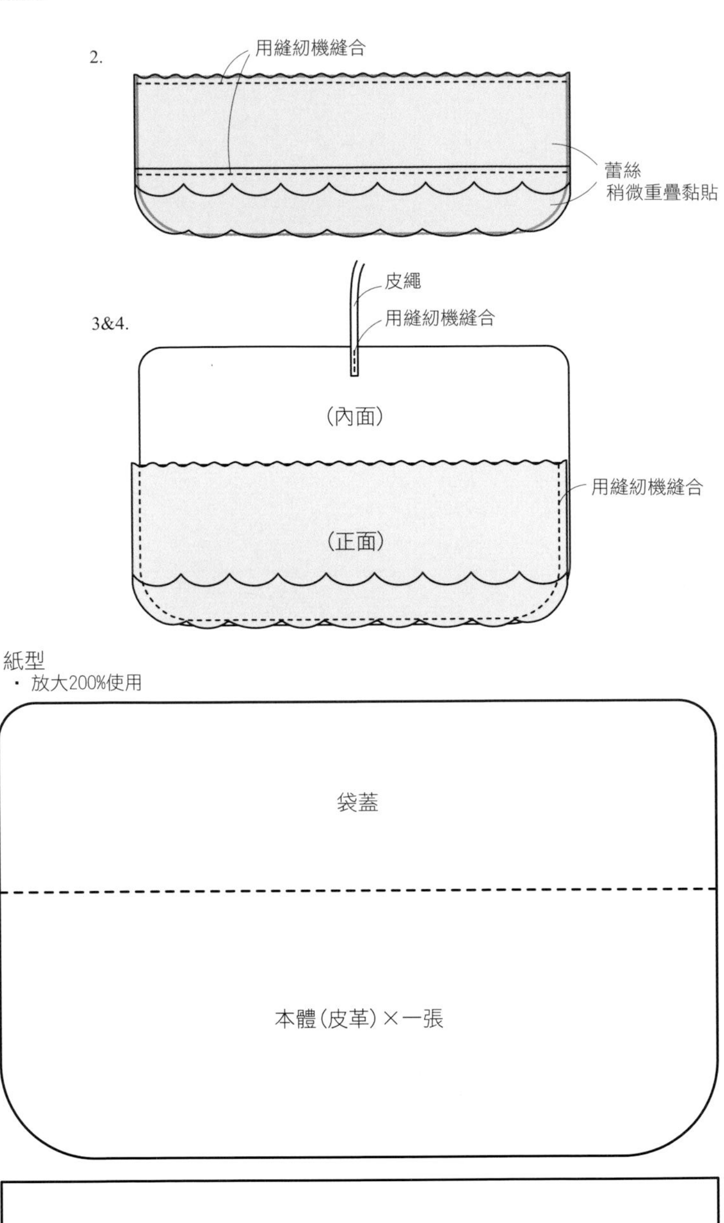

童話人物皮影雕像

圖片 » 第20、21頁

材料及用具

皮革/牛皮〈鳥〉褐色・淺褐色各8cm×10cm　深褐色9cm×7cm〈達拉木馬〉深褐色13cm平方 深綠色 9cm×7cm
蕾絲/〈鳥〉蕾絲花貼　灰白適量
〈達拉木馬〉純棉編織花邊　灰白　適量
其他/〈共通〉鐵絲　手工藝用10cm三條、釣魚線、接著劑、鉗子

完成品尺寸

參照紙型

作法

❶將皮革照紙型形狀剪裁。將蕾絲貼在小鳥和木馬上裝飾。
❷在❶的內面塗上接著劑，將釣魚線夾在中間正面朝外黏合。
釣魚線的位置要讓皮影雕像不會歪斜。
❸用鉗子將鐵絲的兩端捲起來，將2綁上去。
調整高度落差不要讓人物相撞。
❹將釣魚線綁在❸的鐵絲的中央，調整位置保持平衡。
❺將❹綁在其他鐵絲的兩端，調整位置保持平衡。
❻將釣魚線綁在❺的鐵絲的中央，調整位置保持平衡。

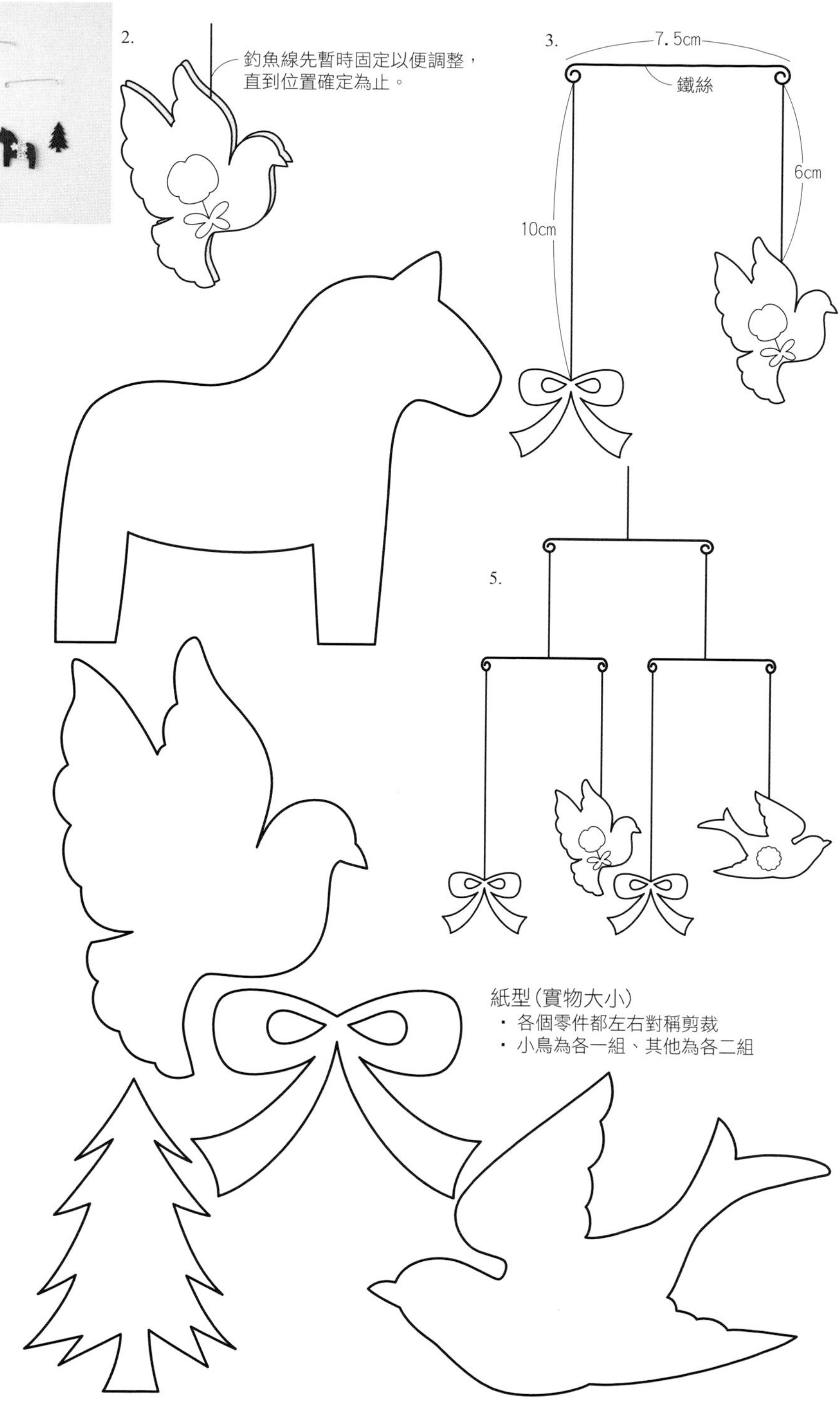

口金包式皮革化妝包

圖片 » 第16、17頁

材料及用具(一件份)

皮革/牛皮　深褐色或褐色　40cm×15cm
布・蕾絲/棉質蕾絲　未漂白40cm×15cm、羊毛蕾絲　未漂白20cm×10cm、純棉編織花邊　寬1cm未漂白20cm、毛氈布　綠色5cm平方
其他/羊毛刺繡線(Anchor Tapestry羊毛線　紅色8402或紫色8514)一束、口金內徑13.5cm×6cm、紙繩40cm、接著劑、皮革用金屬接著劑、錐子、牙籤、夾子、梳子

完成品尺寸

參照紙型

作法

❶將紙型描摹在皮革・布料上，保留指定的縫份裁開。
❷用接著劑將羊毛蕾絲暫時固定在❶的皮革前面。
❸用縫紉機將純棉編織花邊縫在❷的蕾絲邊緣，把末端隱藏起來。
❹將❸和皮革的後面正面向內對齊用夾子固定，再用縫紉機縫合。在縫份的轉彎處剪個切口，翻回正面調整形狀。
❺裡布的前・後面也正面向內對齊用縫紉機縫合。
❻將❹放到❺內重疊，將袋口用夾子固定後用縫紉機縫合(圖片a)。
❼用牙籤沾接著劑塗在口金的溝槽，用錐子將❻塞進去(圖片b、c)。
❽將塗有接著劑的紙繩同樣塞進❼的口金(圖片d、e)。
❾擦掉多餘的接著劑，用鉗子壓緊口金的兩端(圖片f)。
❿用羊毛刺繡線作三個毛絨球。
⓫將毛氈布剪成葉子形狀，和毛球一起用皮革用金屬接著劑黏貼做為裝飾。

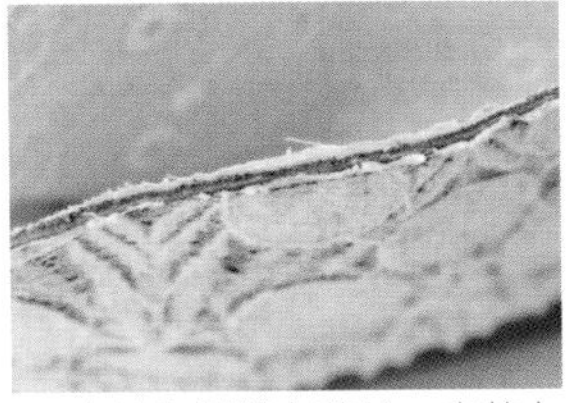

a 皮革內側縫上蕾絲、皮革上面縫上羊毛蕾絲，三層縫在一起的狀態。

b 在口金的溝槽、兩側塞進接著劑。

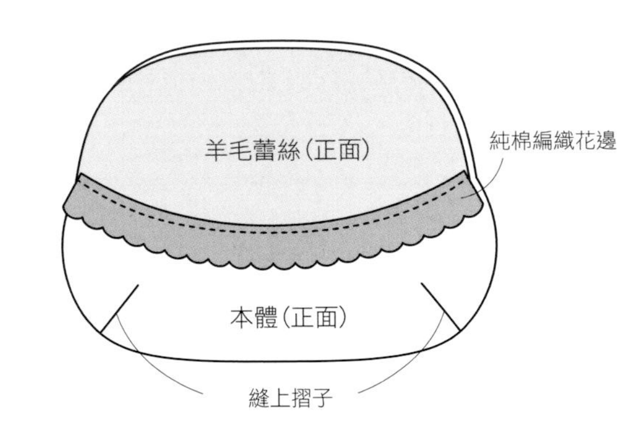

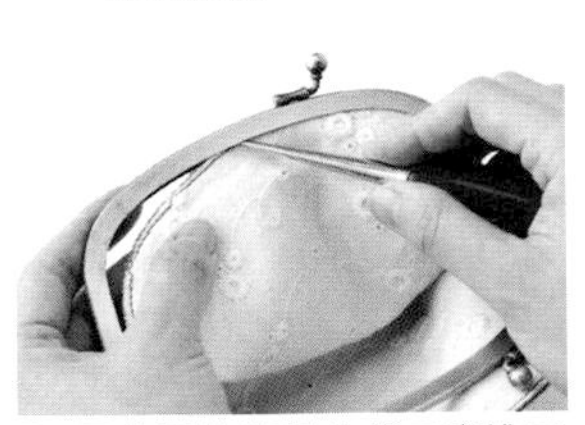

c 用錐子將縫好的袋口塞進口金。

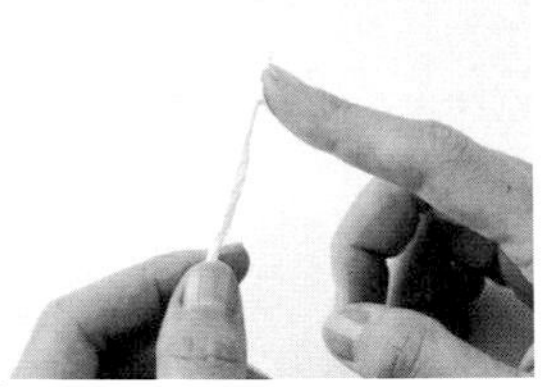

d 在繩子的兩端沾上接著劑。

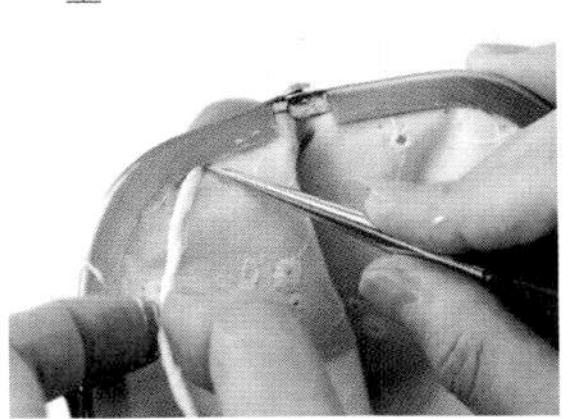

e 用錐子確實塞進去。

f 用布包住口金以免磨損。

10. 毛絨球的作法

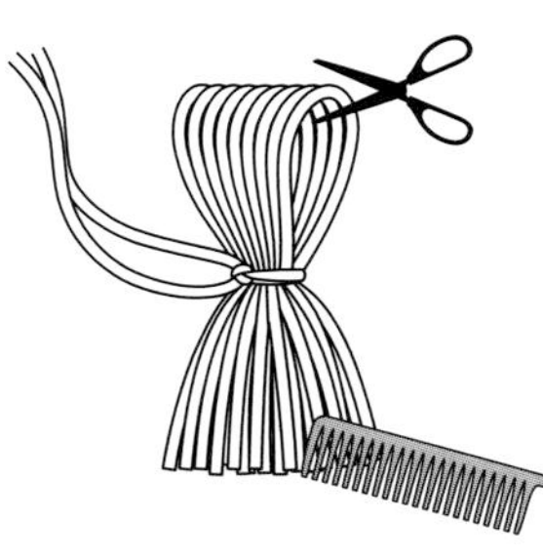

Ⓐ用食指和中指二根手指頭將羊毛刺繡線繞約25圈。
Ⓑ抽出手指頭，中間用同樣的線綁緊。
Ⓒ環狀的部份用剪刀剪開，用梳子將線梳開，使其變成蓬鬆直徑2.5cm左右的毛絨球，周圍再用剪刀修剪調整形狀。

紙型

・放大125%使用

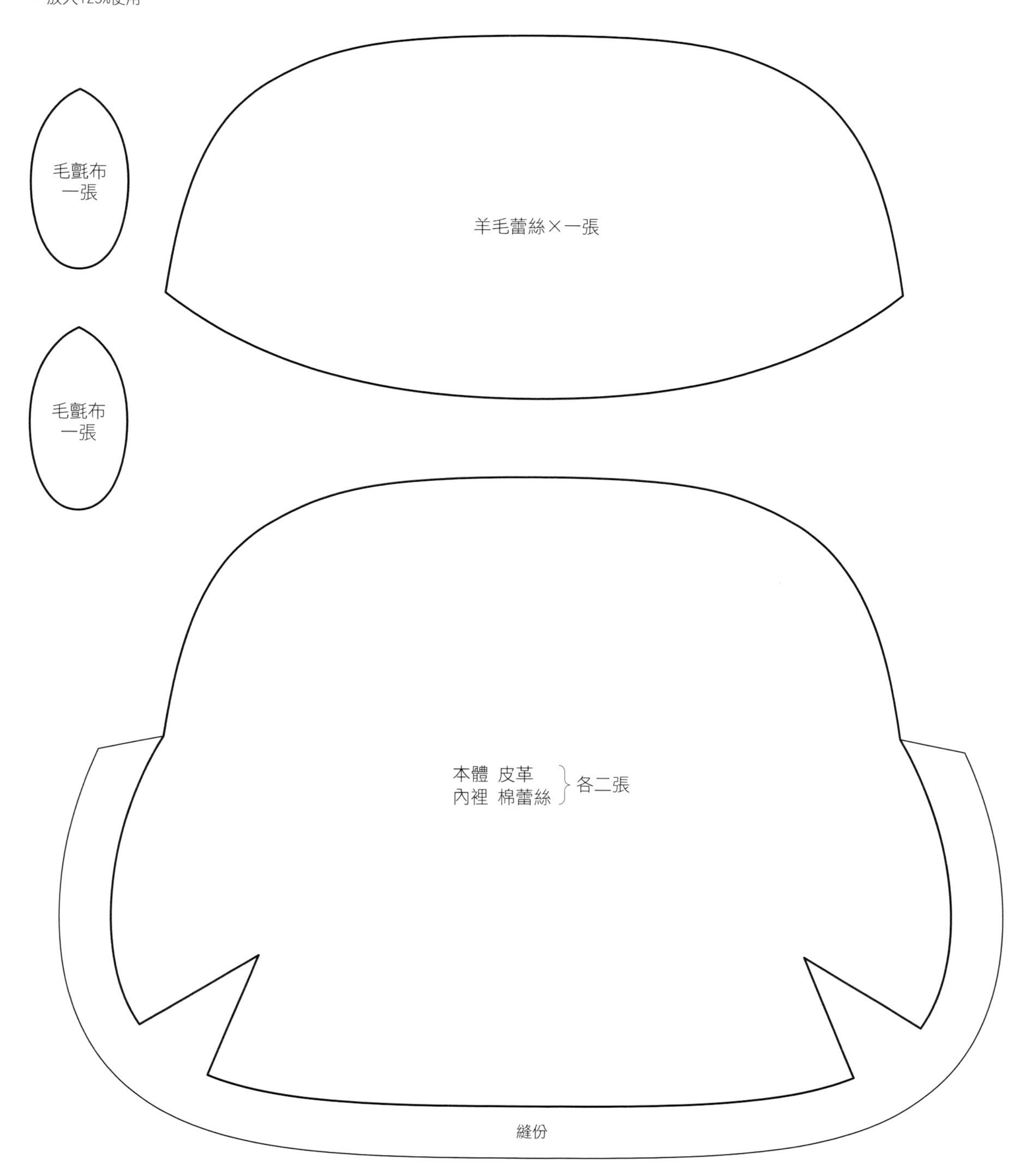

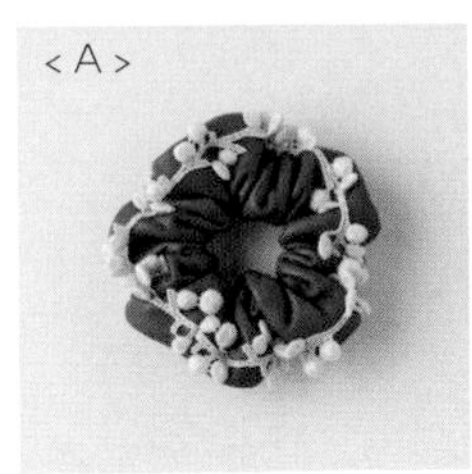

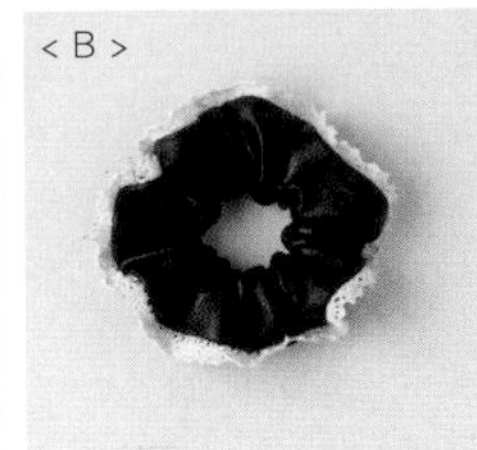

流行的皮革髮束

圖片 » 第22頁

材料及用具(二件份)

皮革/羊皮　〈A〉淺褐色〈B〉深褐色　各52cm×9cm
蕾絲/〈A〉坎密克蕾絲　寬2cm的未漂白蕾絲52cm
〈B〉純棉編織花邊　寬1.5cm白色52cm
其他/〈共通〉鬆緊帶髮束25cm、皮革用手縫針、皮革用車縫線褐色、皮革用車縫針、皮革用壓布腳、鬆緊帶穿引器、接著劑

完成品尺寸

直徑約16cm

作法〈A〉

❶在蕾絲的每個地方塗上接著劑貼在皮革上，用縫紉機縫合(圖片a)。
❷將❶正面相對，兩端用縫紉機縫合起來(圖片b)。
❸將變成環狀的❷的上面的布摺疊成三分之一大小(圖片c)，摺好之後用下面的布包起來用夾子暫時固定(圖片d)。
❹用縫紉機將❸縫合，小心不要縫到裡面的皮革(圖片e)。
❺縫到某個程度之後，將穿引針插進去將摺進裡面的皮革拉出來(圖片f)。
❻尚未縫合的部份邊用夾子暫時固定邊縫合(圖片g)。
❼反覆❻的動作，保留翻轉口約4～5cm後縫合完畢(圖片h)。
❽從翻轉口翻回正面(圖片i)調整形狀。
❾將鬆緊帶束穿過❽打結(圖片j)。
❿用錐子在翻轉口的縫份上打洞讓針穿過去(圖片k)，縫成コ字型(圖片l)。

〈B〉
將蕾絲沾上接著劑黏在距縫份0.5cm左右的位置。❷以後縫法都和〈A〉相同。

a 縫紉機縫蕾絲的中央。

b 兩端重疊縫合在一起變成環型。

c 有蕾絲的一邊朝下重疊在一起。

1.

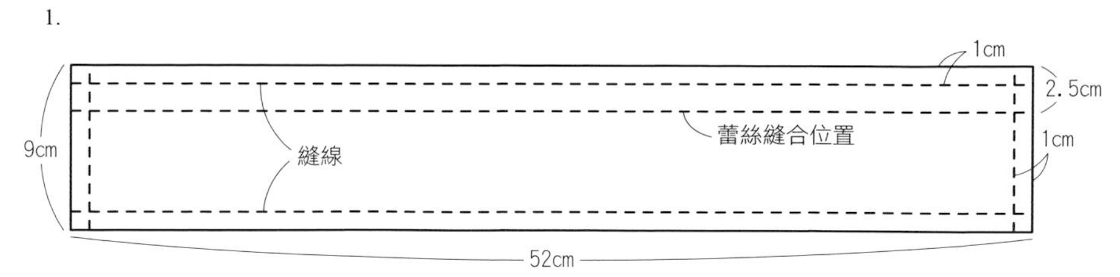

事先利用磨緣器等器具在縫線和蕾絲縫合的位置上作記號

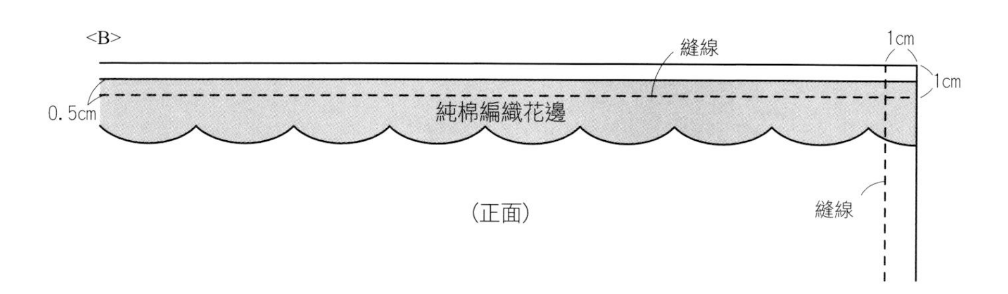

d 注意不要夾到蕾絲和裡面重疊的地方。

e 拿掉夾子時要將壓布腳往上抬，一邊拿掉夾子一邊縫合。

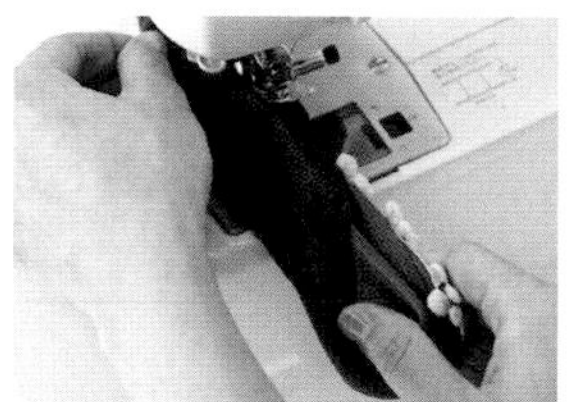

f 壓布腳往上抬，將縫好的部份往前拉，將裡面的皮革往自己的方向拉出來。

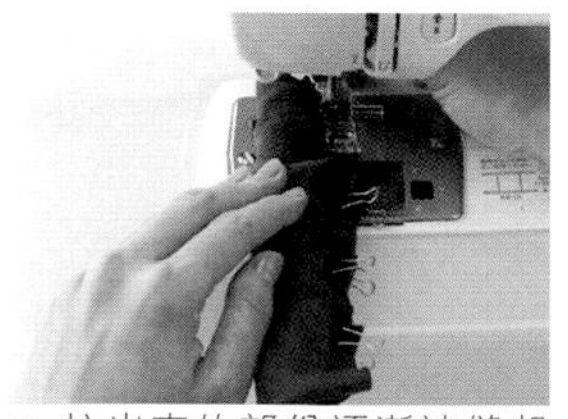

g 拉出來的部份逐漸被縫起來。

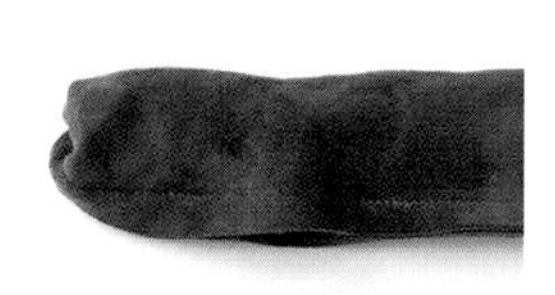

h 圖中是表面的縫合狀態。

i 因為不像布那麼滑順，所以要小心的拉。

j 牢牢的打2、3個活結以免髮束鬆開。

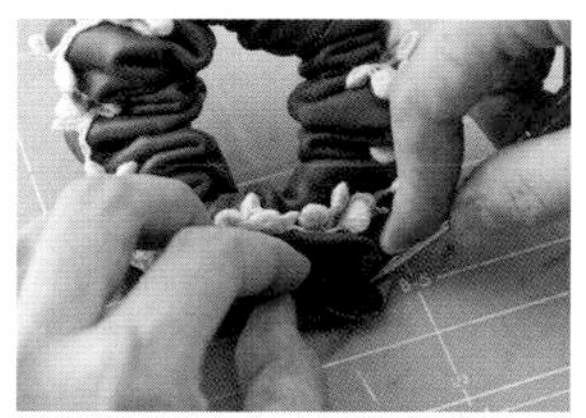

k 兩邊位置對齊打3、4個洞。

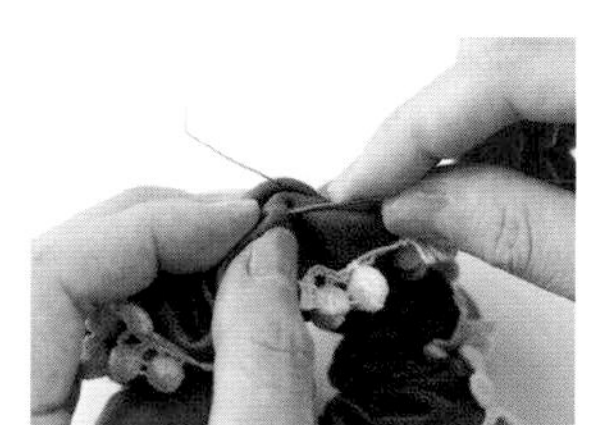

l 垂直入針，開始縫合以及縫好後要紮個大線結。

流行的皮革髮束

圖片 » 第23頁

材料及用具

皮革/牛皮　褐色12cm平方
蕾絲/羊毛蕾絲　灰白6cm平方、坎密克蕾絲花貼　直徑2.5cm灰白色一張
其他/單圈　直徑0.8cm一個、髮束20cm、皮革用手縫針、接著劑、錐子

完成品尺寸

直徑 約6.5cm

作法

❶將皮革和蕾絲依紙型裁剪。
❷浸泡皮革讓水分充分滲透進去(圖片a、b)，用手擰乾之後摺出皺褶(圖片c)，直接晾乾(圖片d)。
❸將接著劑溶於水(圖片e)，塗在蕾絲的內面(圖片f)，摺出皺褶(圖片g)，直接晾乾(圖片h)。
❹待❷乾燥之後用錐子在中央打二個洞。
❺將大的花瓣放在下面，疊上皮革和蕾絲(圖片i)，上面放上蕾絲花貼用手縫合固定。
❻用錐子在襯裡的皮革中央上打二個洞，穿上單圈。
❼在❻的內面塗上接著劑，貼在❺的內側。
❽將髮束穿過❼的單圈打結。

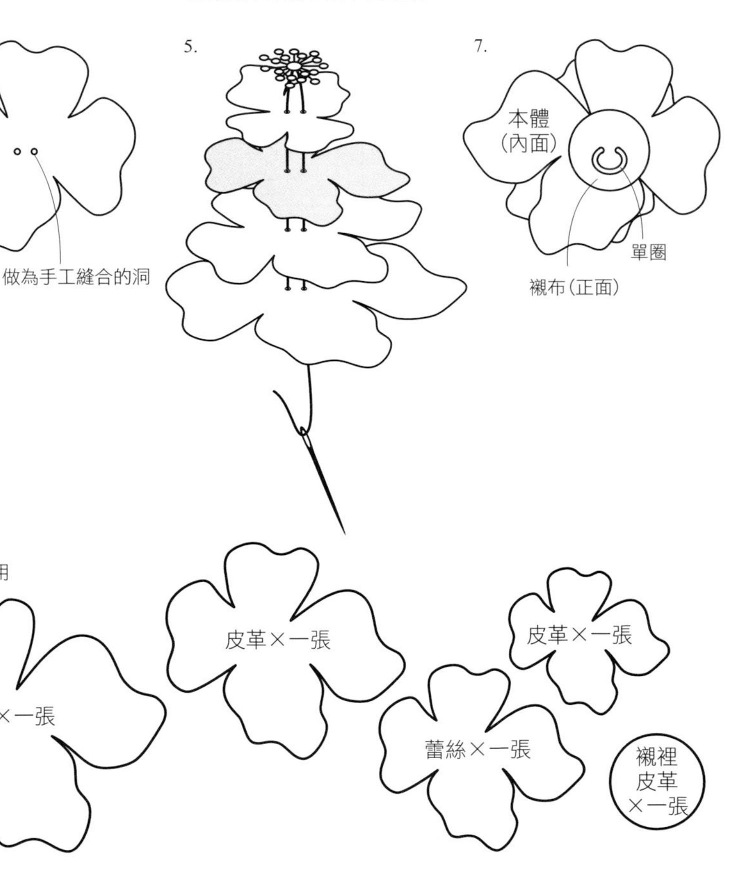

a 剛浸泡在水中。

b 浸泡一會兒之後的模樣。浸泡到此程度。

c 將皮革捏出立體感。

d 形狀不一也沒關係。充分晾乾。

e 溶解濃一點。約30cc的水配這些量的接著劑。

f 用筆等工具均勻塗抹。

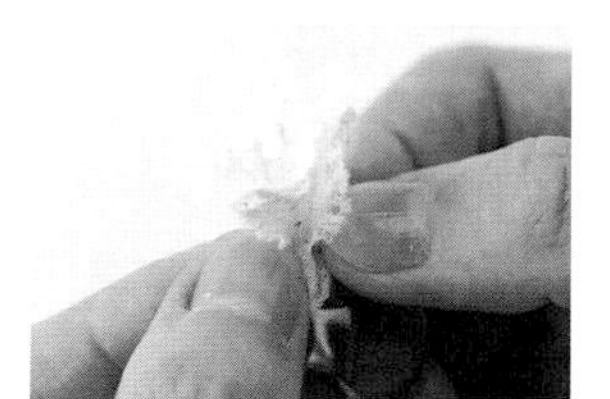

g 將邊緣稍微揉鬆。

h 充分晾乾。

i 將露出於皮革之間的蕾絲勻稱的重疊。

漂亮的蕾絲髮夾

圖片 » 第23頁

材料及用具

皮革/牛皮　褐色 16cm平方

蕾絲/坎密克蕾絲花貼　直徑5cm灰白色二張

其他/金屬髮夾　長度8cm一個、皮革用車縫線　褐色、皮革用車縫針、皮革用壓布腳、夾子、皮革用金屬接著劑

完成品尺寸

參照紙型

作法

❶將皮革依紙型裁開。

❷將蕾絲花貼用縫紉機縫在本體皮革的兩邊。

❸將其他本體和❷正面向內疊在一起用夾子暫時固定，用縫紉機縫合保留翻轉口。

❹將❸從翻轉口翻回正面，調整形狀。

❺在❹的中央抓出皺摺，纏上腰帶。腰帶的末端用皮革用金屬接著劑固定。

❻在金屬髮夾塗上皮革用金屬接著劑，黏上❺。

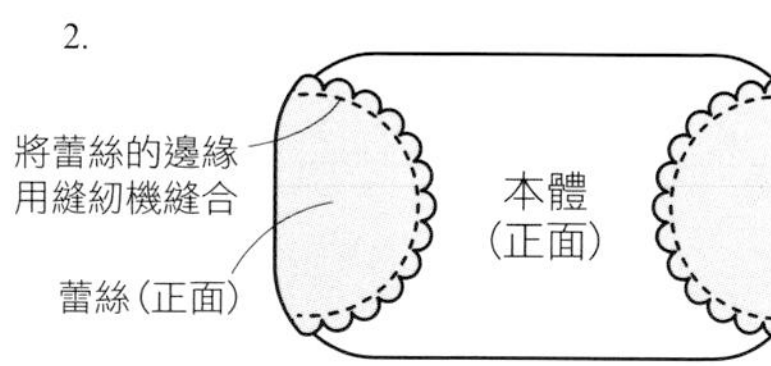

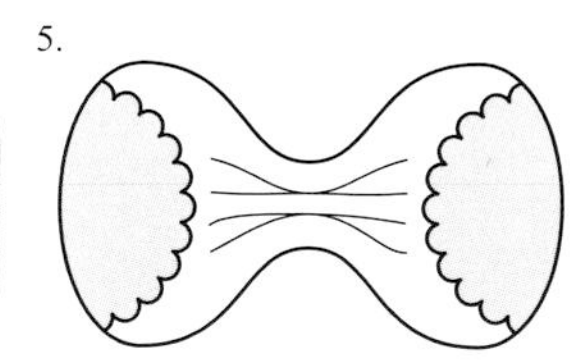

將中央捏出皺褶，上面纏上腰帶。

紙型(實物大小)

腰帶
皮革×一張

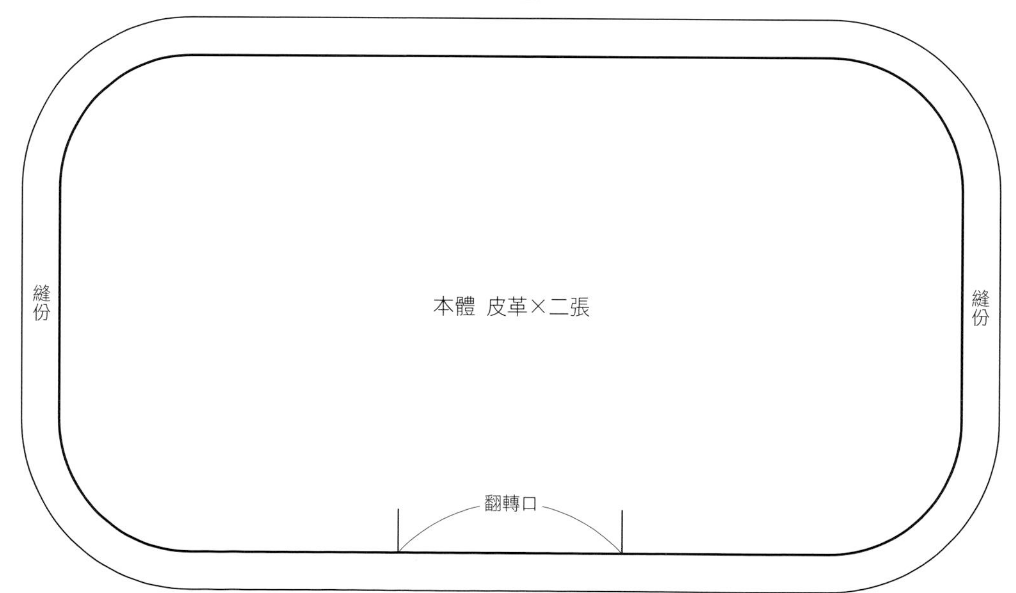

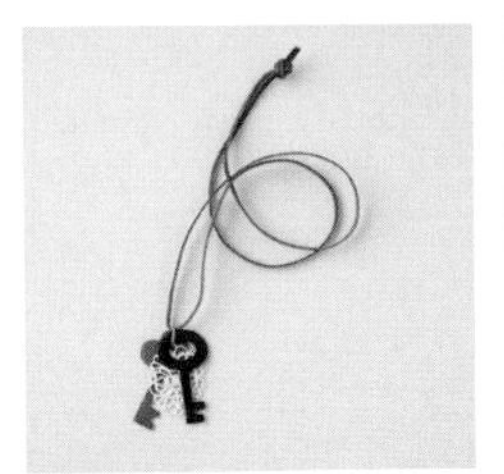

帶點古典風味的墜飾&飾針

圖片 » 第24頁

〈墜飾〉

材料及用具

皮革/牛皮　深褐色　淺褐色
各5cm×3cm、皮繩(Botanical Leather 811)寬0.3cm的原皮65cm
其他/蕾絲飾品
白色2.5cm×4.5cm
直徑1cm的單圈 一個、硬化劑

完成品尺寸

長度 約35cm

作法

❶將皮革依紙型剪裁。
❷在❶的內面塗上硬化劑晾乾。
❸將皮繩穿過❷和飾品打結。

〈飾針〉

材料及用具(一件份)

皮革/牛皮　直徑3.5cm　深褐色或褐色　二張
其他/坎密克蕾絲花貼2.5cm左右的蝴蝶結形狀、白色、寶石飾品、直徑1.5cm的玫瑰形狀、粉紅色、直徑3cm左右的圖章、印台　顏料墨水　白色、別針長度2.5cm一個、皮革用金屬接著劑

完成品尺寸

直徑3.5cm

作法

❶在皮革上蓋上圖章。
❷將蕾絲或飾品用皮革用金屬接著劑黏在皮革上。
❸將其他皮革用金屬接著劑黏在❷的內面，裝上別針。

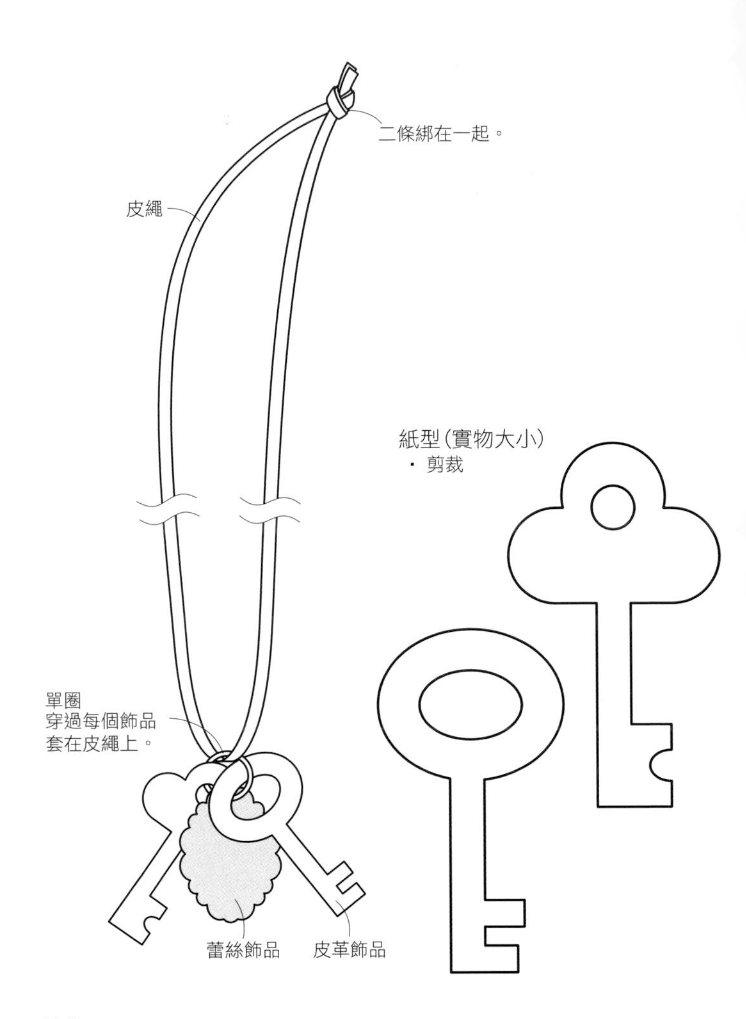

飾針

1. 蓋上圖章

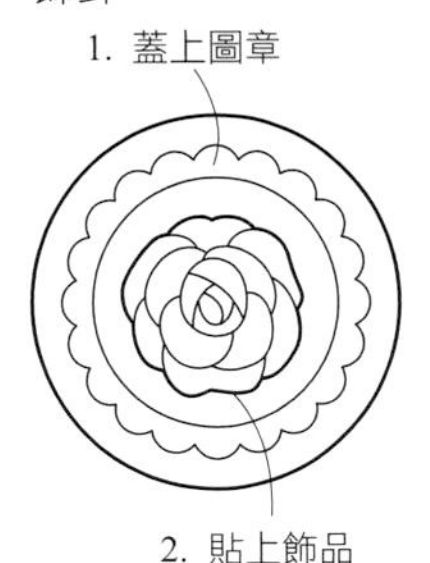

2. 貼上飾品

3. 黏上襯裡皮革和別針。

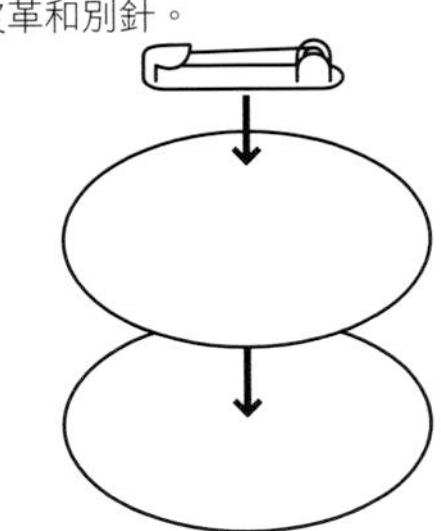

可愛的手環

圖片 » 第25頁

〈蕾絲手環〉

材料及用具

皮革/皮繩(Botanical Leather 812)
寬0.5cm褐色20cm、寬0.3cm褐色50cm
蕾絲/坎密克蕾絲　寬0.8cm白色20cm
其他/寬1.5cm的收繩夾二個、直徑1cm的鏈扣一組、接著劑

完成品尺寸

長度20cm

作法

❶將蕾絲用接著劑黏在寬0.5cm的皮繩上。
❷將寬0.3cm的皮繩交叉纏繞在❶，兩端用收繩夾固定。
❸將鏈扣安裝在❷上接起來。

〈串珠手環〉

材料及用具

皮革/皮繩 (Botanical Leather 811)寬0.3cm的原皮114cm
其他/長軸0.5cm的淡水珠　白色6顆、直徑0.4cm的單圈6個、T字針6根、寬1cm的收繩夾2個、圓型鏈扣一組、鉗子

完成品尺寸

長度40cm

作法

❶將皮繩分成三等份，將三條皮繩的一端用收繩夾夾住固定。
❷將❶編成麻花辮，將另一端用收繩夾夾住固定裝上圓型鏈扣。
❸將❷的麻花辮每間隔3cm裝一個單圈。在單圈裝上穿有T字針的珠子。

蕾絲手環

1.

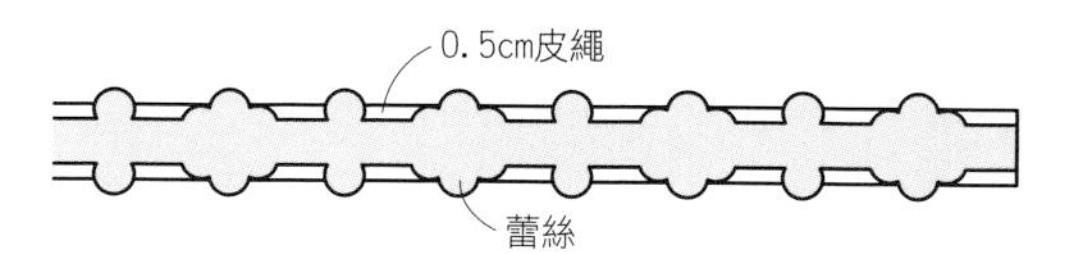

2.

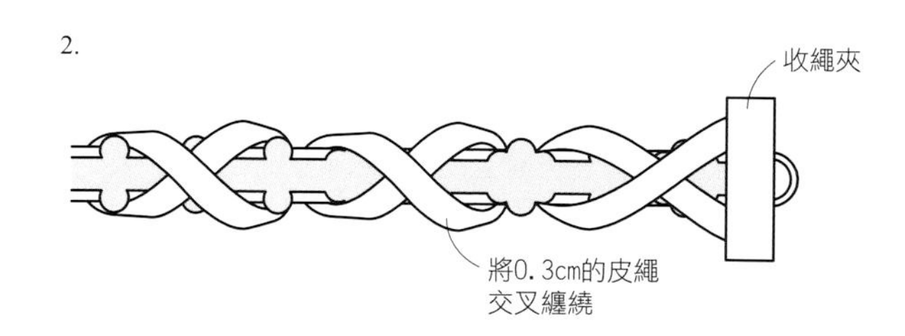

串珠手環

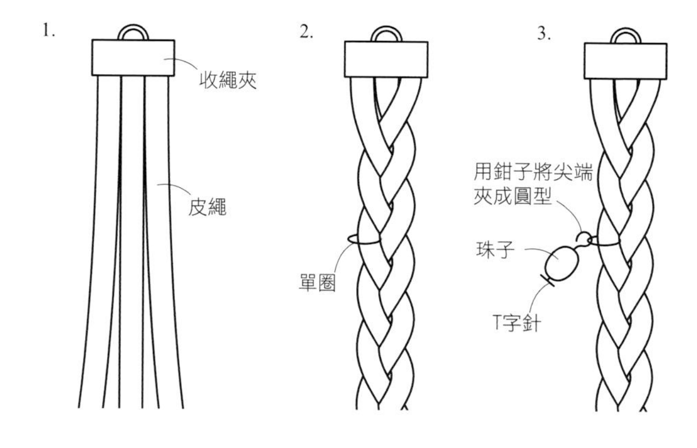

T字針的彎法

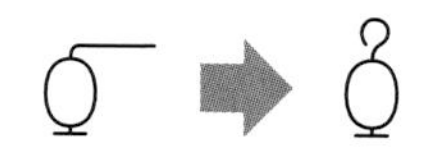

先彎成直角再彎成圓形

手工縫製的書套

圖片 » 第29頁

材料及用具

皮革/牛皮 褐色16.5cm×38cm、鞣革原皮少許
其他/麻手縫線 粗線 白色、車縫線 30號 白色、CMC、單菱斬、六菱斬、菱錐、接著劑、皮革用手縫針二根
※用具請參照第54、55頁，請準備必須用品。

完成品尺寸

文庫本尺寸（日本平裝書籍的小型規格。）

作法

❶將皮革依紙型剪裁。
❷在❶的本體內面塗上CMC，用玻璃板將CMC整個抹薄，晾乾。
❸用手指頭在❷的切面塗上CMC，用布磨擦使其滑順。
❹用接著劑將小狗飾品貼在本體上，用單菱斬鑽出針孔，縫上車縫線。縫好之後在內面打結用接著劑固定。小狗的眼睛用菱錐鑽洞。
❺將本體的襯頁和壓條用接著劑貼著暫時固定。用圓規畫出縫線，用六菱斬鑽洞後手工縫合。
❻狗骨頭為將二張皮革正面向外黏合在切面塗上CMC，用布磨平。中央用六菱斬打個洞後如圖般縫合。
❼用菱斬在本體的背面打二個洞，縫上❻的書籤。縫到最後用接著劑固定。

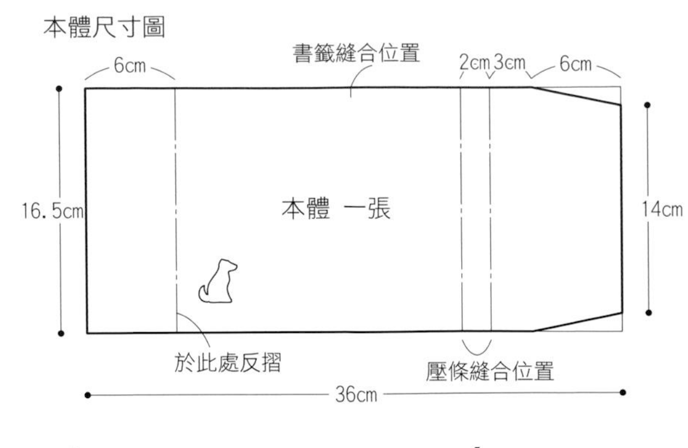

4.
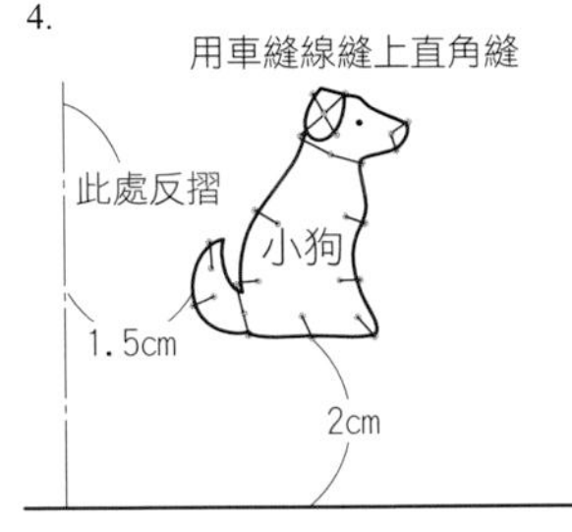

5.
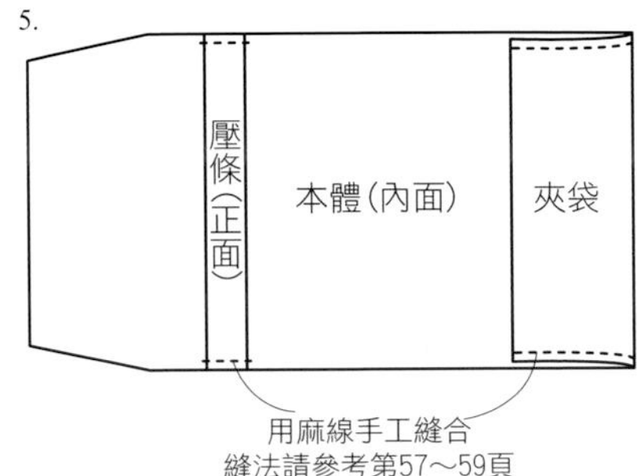

6.
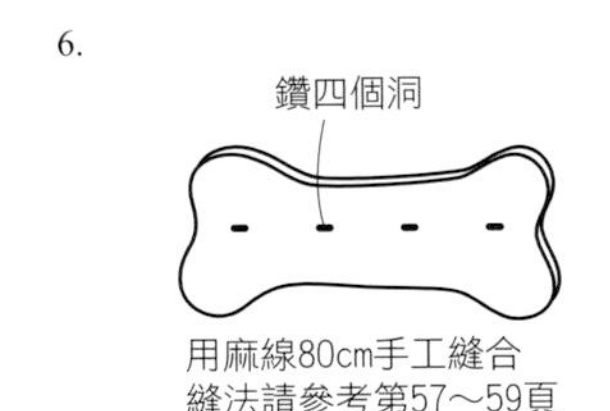

最後針腳要回針縫從第二個洞出來，
剪斷一條用接著劑固定。
其餘留25cm縫在書籤安裝位置。

7.
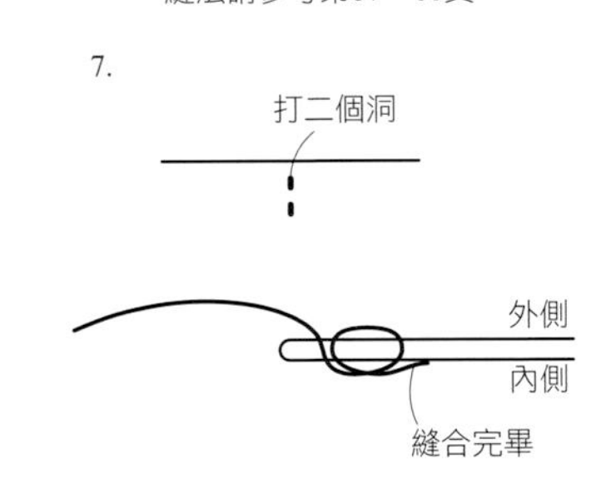

紙型(實物大小)
・分別左右對稱裁剪

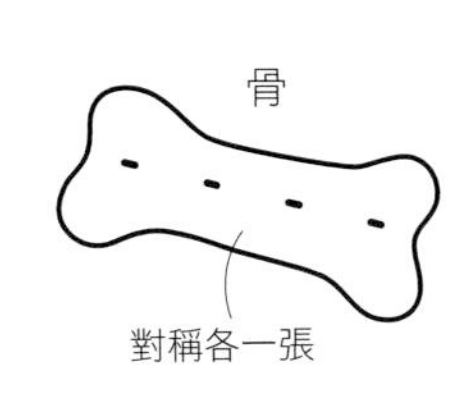

各式各樣的鈕扣

圖片 » 第30頁

材料及用具〈傘、花、房子、圓型〉

皮革/牛皮　各種顏色4cm平方、鞣革4cm平方

其他/※用具請參考第54、55頁準備必須用品。

完成品尺寸

參照紙型

作法

❶依照紙型在皮革內面描摹剪裁。

❷將皮革和鞣革用接著劑黏合。

❸用直徑2mm的錐子鑽出鈕扣的洞。

各種鈕扣

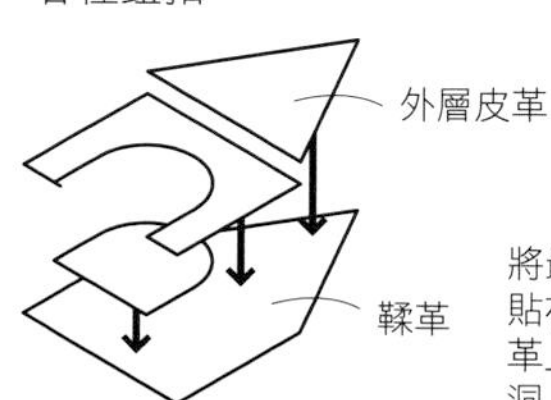

將最外面的皮革貼在最下面的鞣革上，用錐子打洞。

髮夾

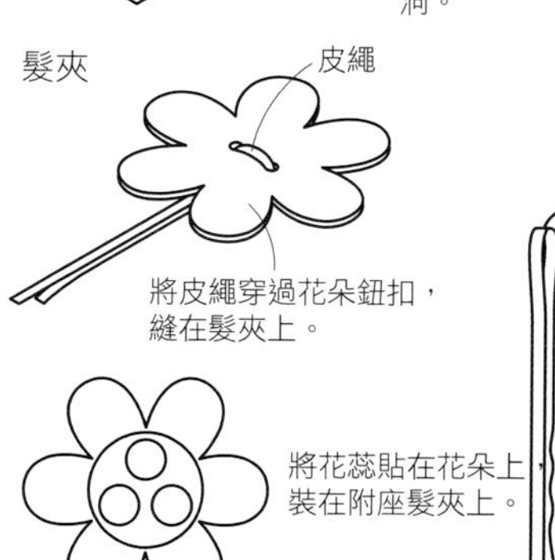

胸針&髮夾

圖片 » 第32頁

材料及用具

皮革/牛皮　豬皮　各種顏色適量、鞣革適量、〈只有花〉皮繩直徑2mm的原皮 3cm

其他/〈花〉髮夾、附座髮夾

〈房子〉長軸1.5cm的別針、車縫線　30號淡藍色

〈綿羊〉飾針金屬用具

※用具請參考第54、55頁準備必須用品。

完成品尺寸

參照紙型

作法

❶將紙型在皮革的內面描摹後剪裁。

❷將牛皮、豬皮及鞣革用接著劑黏在一起，壓著。

❸分別如圖般製作，將飾針用具裝在裡面。

胸針

房子

綿羊

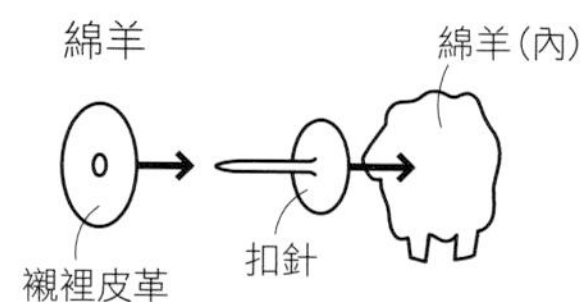

紙型(實物大小)

・外層皮革(牛、豬)及鞣革　各一張

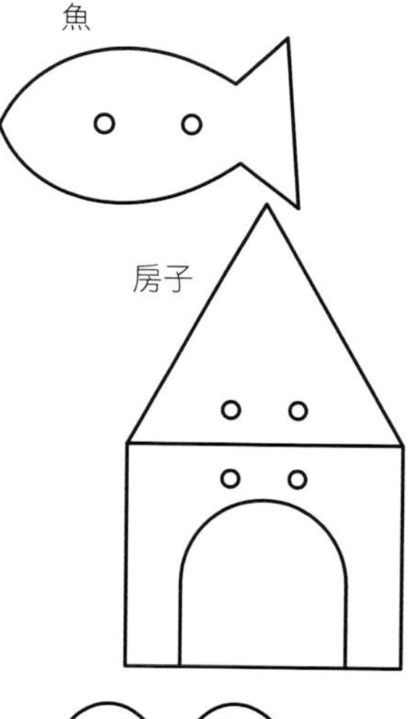

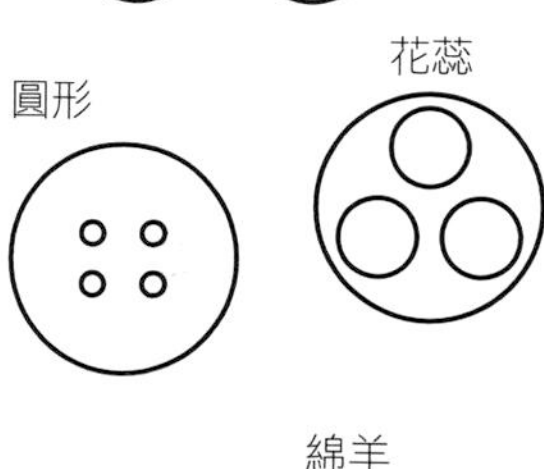

鞣革包

圖片 » 第31頁

材料及用具

皮革/鞣革　厚度1.5mm的原皮 40cm平方、皮繩直徑0.2cm的原皮22cm、鈕扣用的皮革 厚度0.5mm的鞣革　牛皮　各種顏色 適量
其他/麻手縫線　粗線　白色、CMC、玻璃板、砂紙、單菱斬、六菱斬、菱錐、打洞器、夾子、接著劑、皮革手縫針二根、皮革用針

完成品尺寸

參照紙型

作法

❶將皮革和紙型用夾子夾在一起依紙型裁剪。
❷將CMC塗在❶的內面，用玻璃板推薄佈滿整張皮革(圖片a)，晾乾。
❸將提把和本體開口部份的切面剉平(圖片b)，讓切面平滑。用手指沾CMC塗抹，用布料磨擦(圖片c,d)，使其變光滑。
❹製作造型鈕扣。請參考第83頁。
❺將紙型放在本體的前面，用錐子鑽出鈕扣安裝位置的記號，用打洞器打洞。
❻將手縫線穿過皮革用針，將❹縫合。線端用接著劑固定。
❼用打洞器在本體的後面打三個洞，穿過皮繩末端打結。
❽用錐子在本體的前後面作提把位置的記號。
❾用圓規在提把畫出縫線，用菱斬打洞，手工縫合本體。
❿本體的兩側及底部也用圓規畫出針腳的線，用菱斬打洞，手工縫合。縫合起來的切面塗上CMC，用布磨擦使切面滑順。

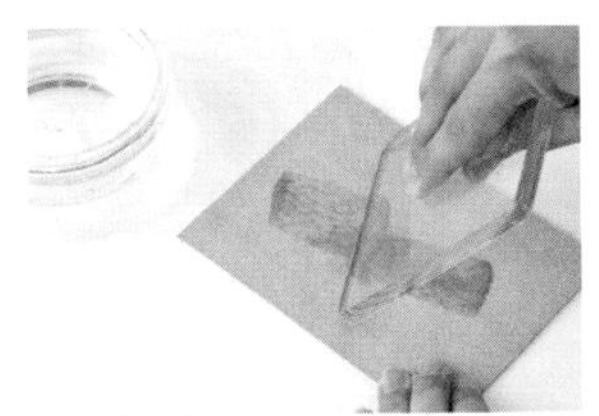

a 內面的粗糙消失變得光滑。

b 因為鞣革很硬，所以接觸到手的部位要小心。

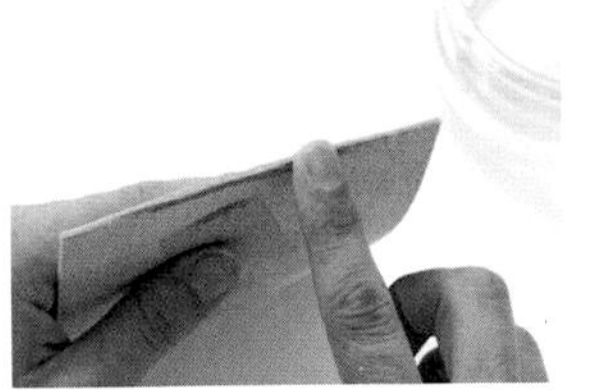

c 切面等較小的部位用手指塗抹。

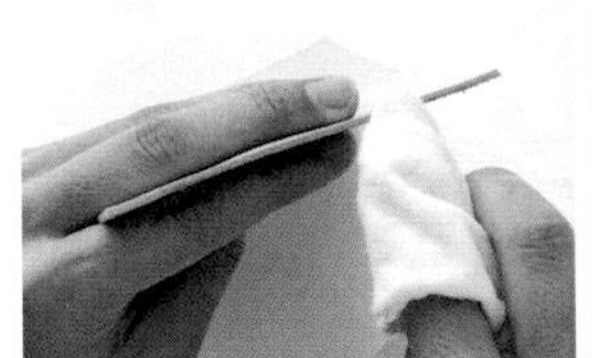

d 用布磨擦。

7.

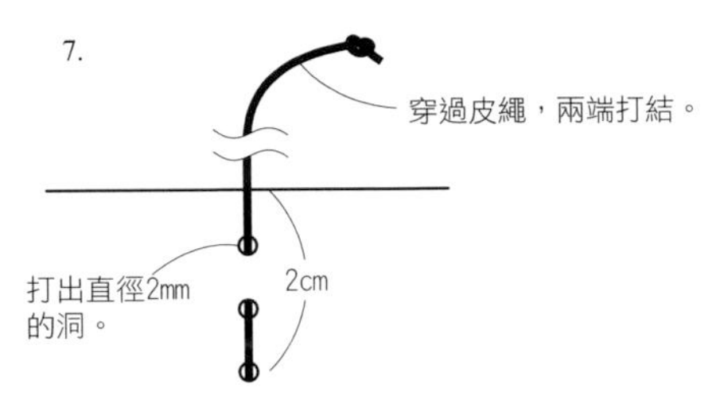

9.

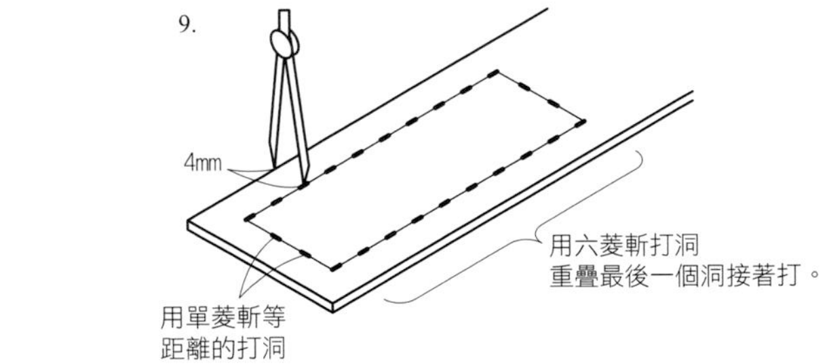

10.　邊緣1mm用接著劑黏起來

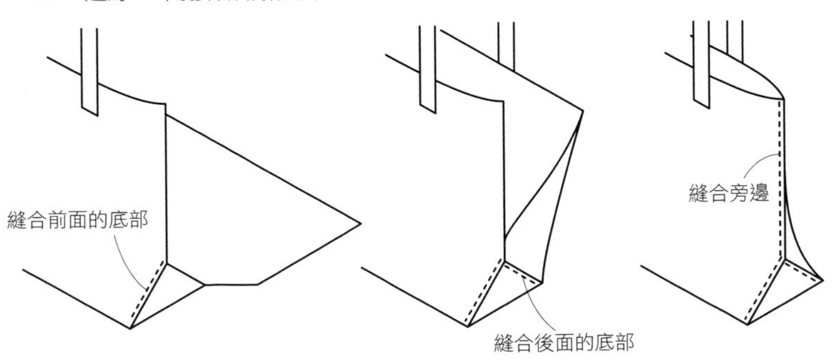

紙型
・放大300%使用

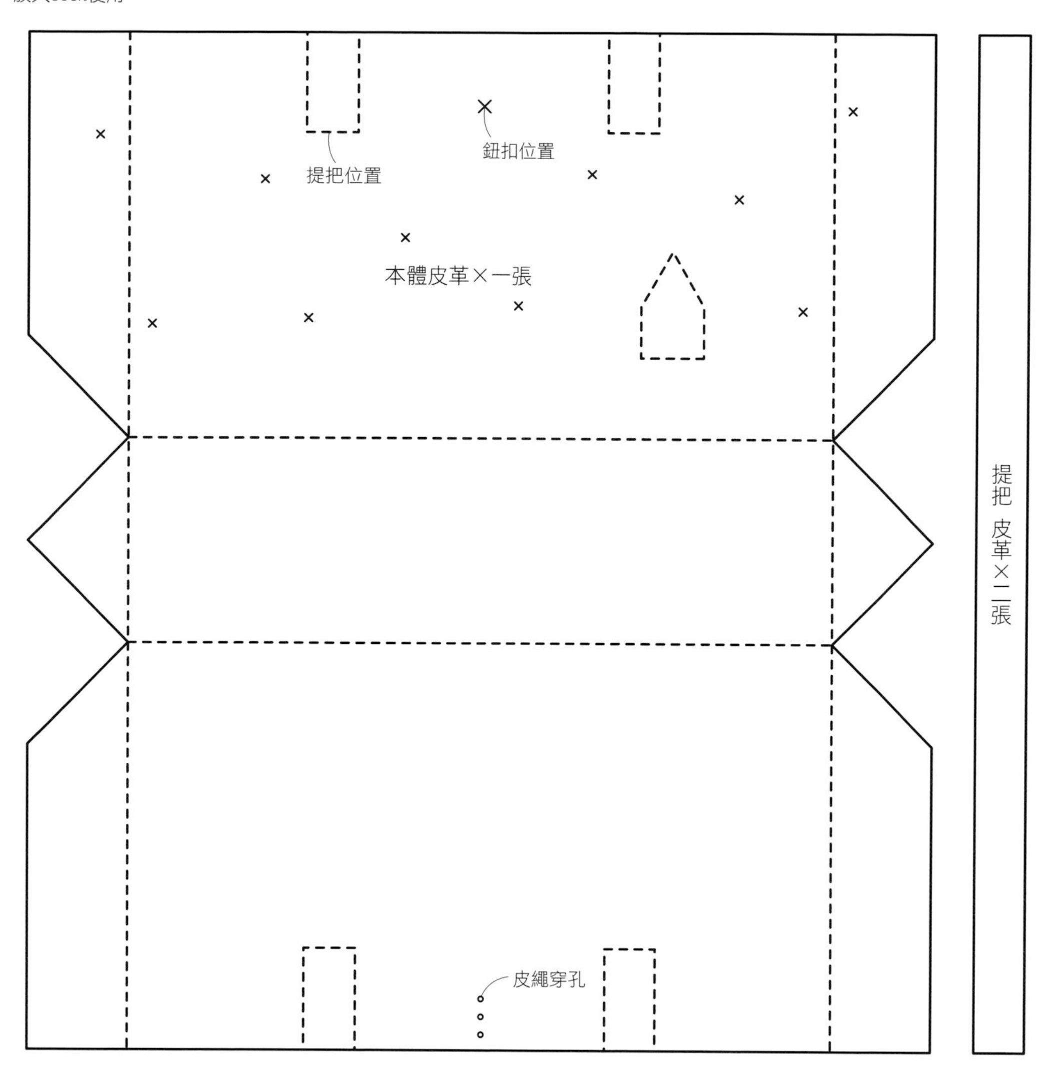

手環

圖片 » 第30頁
製作鈕扣(請參考第83頁)，穿過鞣革皮繩(直徑2mm、35cm)打結。另一邊裝上葉子打結，作成環狀。在鈕釦上打個結調整長度。

第30頁手環的紙型(實物大小)

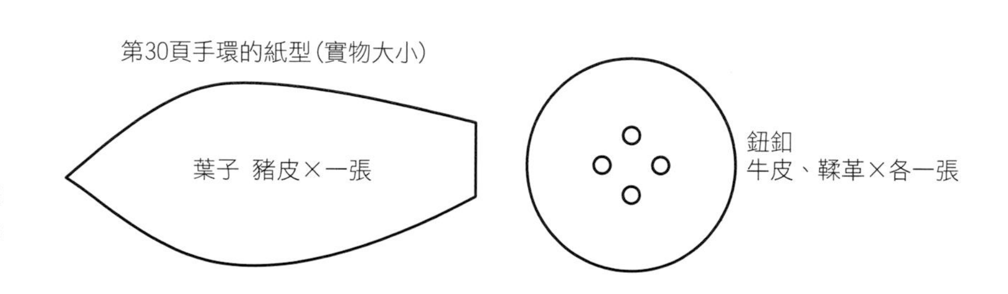

幸運草圖案的麂皮包

圖片 » 第34頁

材料及用具

皮革/豬皮(使用內面) 淡綠色 24cm×22cm二張、牛皮 綠色 30cm×25cm、紅・黑 各直徑 1.5cm、皮繩 寬1cm的深綠色 35cm二條

布/棉質 深綠色48cm×22cm、提把用鋪棉39cm×21cm

其他/鉚釘 極小 18個、菱錐、打洞器 直徑0.2cm、磨緣器、夾子、接著劑、皮革用針、皮革用線 黑色、皮革用手縫針、皮革用車縫線 綠色

※用具請參考第54、55頁準備必須用具。

完成品尺寸

參照紙型

作法

❶將皮革・布依照紙型剪裁。
❷用熨斗將提把用鋪棉燙在豬皮上(中溫、使用墊布)。
❸依圖製作幸運草及瓢蟲。
❹先剪好十片製作幸運草的襯裡皮革(豬皮)。
❺將幸運草裝飾在本體的前面。首先用接著劑固定葉子的中央之後，如圖般放上襯裡皮革用鉚釘固定。
❻將本體和內裡的袋口的前・後面分別把正面朝內相對縫合。
❼將❻正面相對，除了袋口以外其他都縫合起來，翻回正面將翻轉口縫起來。
❽將❼弄成袋狀調整形狀。
❾再次將紙型放在❽上面，在提把的位置用錐子作記號。
❿將接著劑塗在提把上，貼在❾之上。用錐子作鉚釘的記號之後，鑽鉚釘的洞。
⓫為了防止綻開，在內側裝置鉚釘的洞之周圍塗抹接著劑，打上鉚釘。
⓬捏出幸運草的摺痕調整形狀。

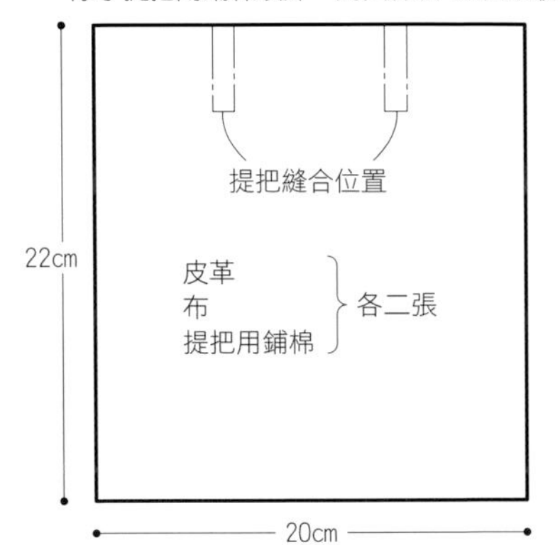

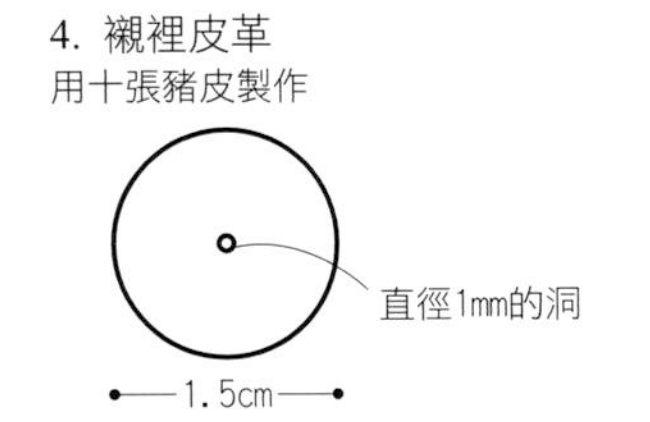

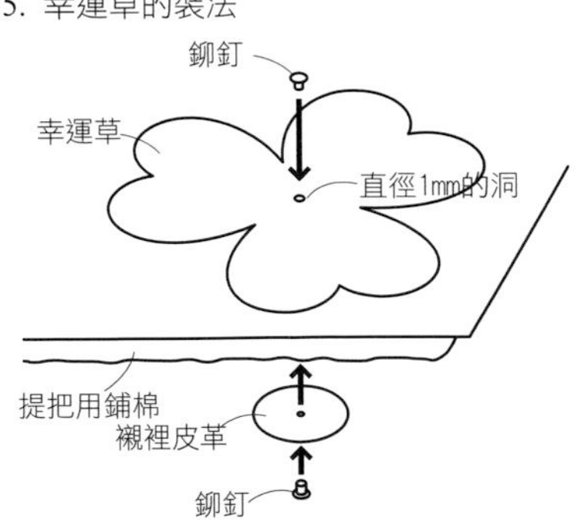

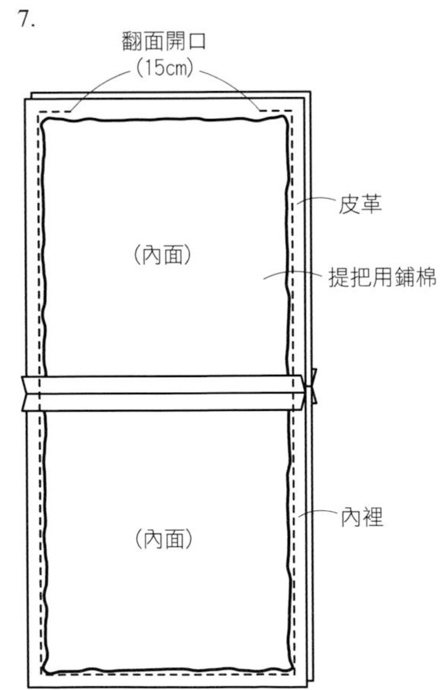

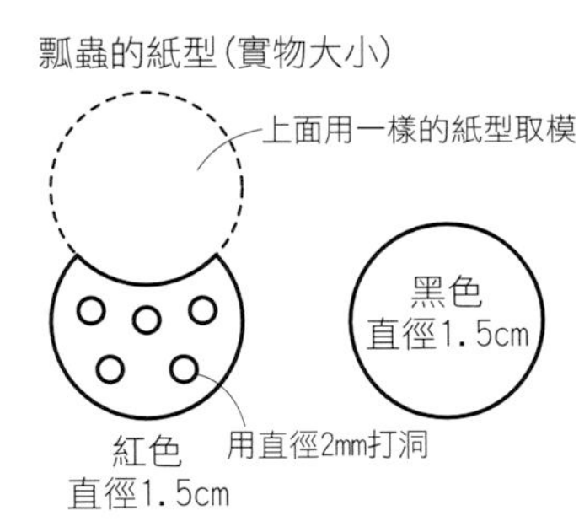

幸運草飾品

圖片 » 第35頁

材料及用具

皮革/牛皮　豬皮　綠色各15cm平方、蜜蜂用　牛皮　深褐色黃色各直徑1.5cm　米色　直徑0.9cm二張、皮繩寬0.3cm的深綠色 1m

其他/單菱斬、打洞器直徑0.2cm 0.9cm　1.5cm、磨緣器、夾子、接著劑、皮革用手縫針、皮革用車縫線　深褐色

※用具請參考第54、55頁準備必須的用具。

完成品尺寸

參照紙型

作法

❶將皮革依紙型剪裁。
❷將❶二張重疊黏在一起。依個人喜好選用正、反面。
❸利用磨緣器刮出皺褶，讓葉子蓬鬆。
❹在❸的中央用打洞器在三葉幸運草打三個，四葉幸運草打四個0.2cm的洞。
❺如圖般製作蜜蜂。
❻將❹穿過皮繩，裝飾蜜蜂。

幸運草的紙型(實物大小)

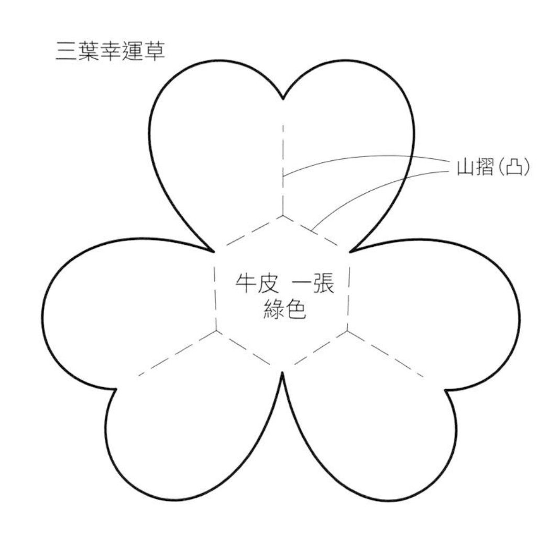

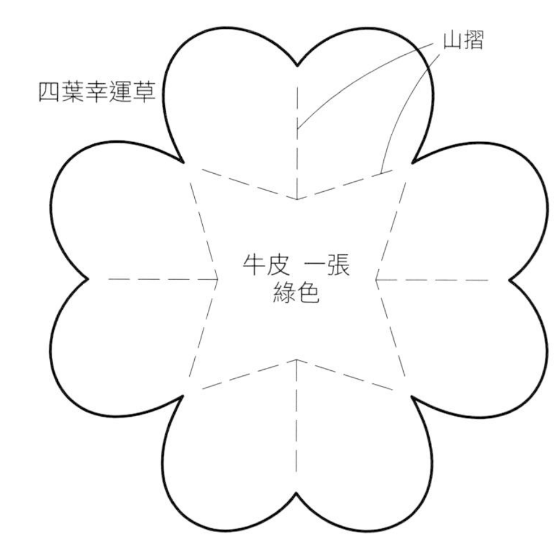

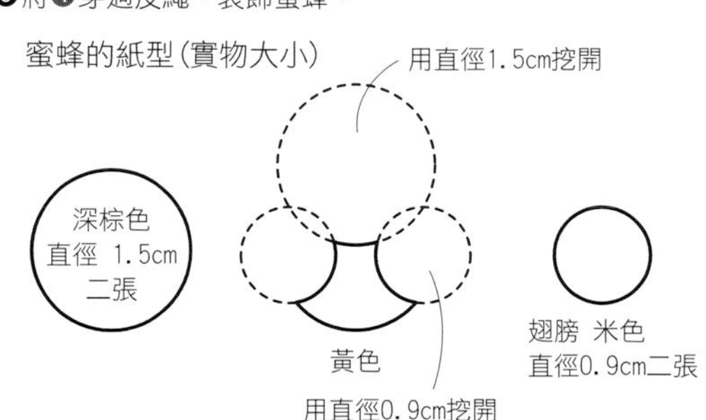

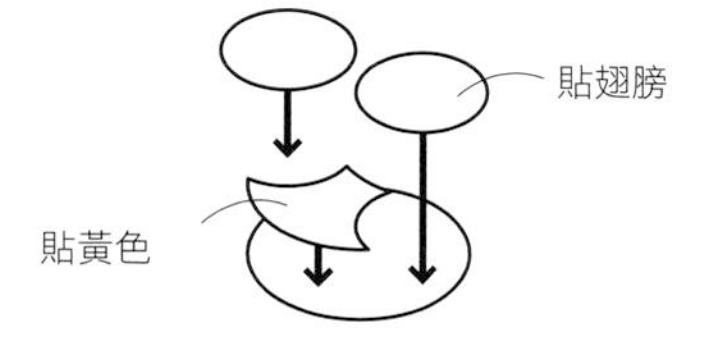

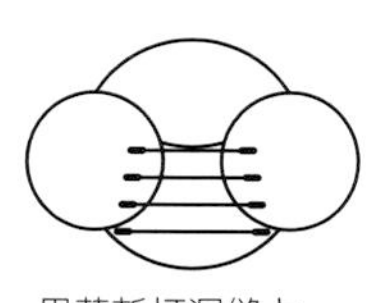

彩色皮革製的兒童&廚房時鐘

圖片 » 第36～39頁

材料及用具

皮革/豬皮 〈兒童時鐘〉粉紅色22cm平方二張 淡綠色 藍色 黃色 黑色各適量〈廚房時鐘〉藍色26cm平方二張 淡綠色 金黃色 粉紅色各適量
牛皮〈兒童時鐘〉淡綠色 淡藍色各適量〈廚房時鐘〉紅色 黑色 橘色 黃綠色 土黃色 紫色各適量
芯/厚的紙芯（本作品是使用waveron聚酯紗0.9）〈兒童時鐘〉20cm平方二張〈廚房時鐘〉24cm平方二張、提把用鋪棉〈兒童時鐘〉20cm平方一張〈廚房時鐘〉24cm平方一張
其他/〈共通〉時鐘套件(指針・機芯)、接著劑、〈兒童時鐘〉皮革用針、30號車縫線 粉紅色 白色 黃綠色 淡藍色

完成品尺寸

〈兒童時鐘〉20cm平方
〈廚房時鐘〉24cm平方

作法

❶將皮革依紙型剪裁。各部件是將紙型翻過來貼在皮革上，用筆描摹後剪裁。用車縫線在浮冰上繡字。
❷用熨斗將提把用鋪棉燙貼在底座的豬皮革的內面。二張都一樣。
❸用接著劑將紙芯黏在❷，將周圍摺回去，二張都一樣。
❹將各部件的皮革用接著劑黏在❸的前面。注意位置要符合時鐘的表盤。
❺在〈兒童時鐘〉前面的底座進行刺繡。線頭在內面打結用接著劑固定。
❻如圖般將前面和後面用接著劑黏起來。
❼在❻的中央打一個直徑1cm的洞。
❽將時鐘的機芯固定在洞內，裝上時鐘的針。

3.

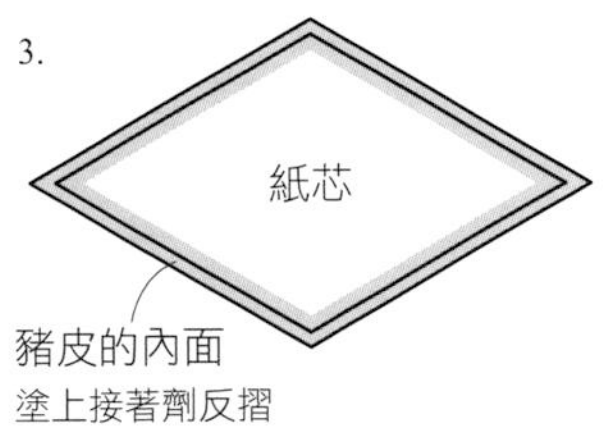

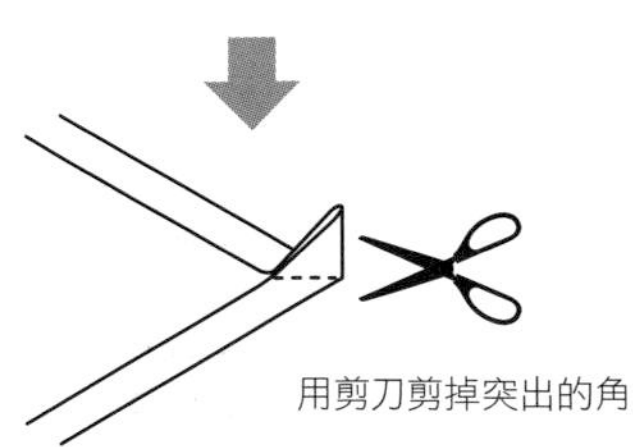

5.

全部用車縫線直線縫

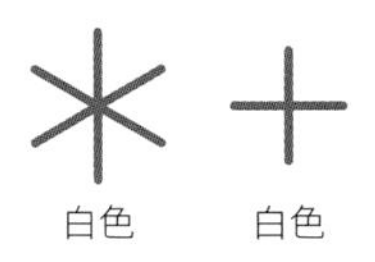

・魚的水花 淡藍色
・汽球的線 黃綠色

6.

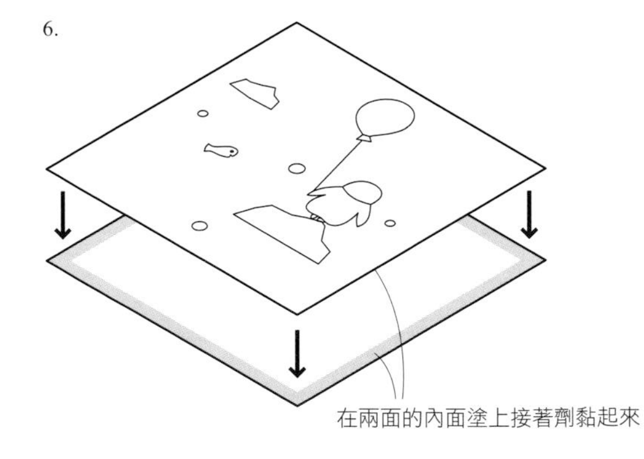

紙型(實物大小)

・剪裁

〈兒童時鐘〉

〈廚房時鐘〉

表盤請見第90頁

扁布偶

圖片 » 第37頁

材料及用具

皮革/豬皮　淡綠色10cm×20cm
黃色　6cm平方
其他/手工藝用化纖棉　少許、皮革用手縫針、皮革用車縫線30號　綠色　黃色、油性筆　黑色、原子筆　黑色、接著劑　、磨緣器、菱錐

完成品尺寸

參照紙型

作法

❶將皮革依紙型剪裁。
❷在企鵝的身體前面依紙型描摹臉部，用油性筆塗黑。腳也塗黑。
❸將身體正面相對朝內，夾住手腳，除了翻轉口以外都用縫紉機縫起來。
❹剪上切口以免縫份歪斜。
❺將棉花塞進❹，將翻轉口縫起來。
❻魚也用同樣的方法製作。細小的部份用菱錐翻面。
❼將企鵝的後腦勺對齊前面的頸線塗黑。
❽貼上企鵝嘴巴，左右對稱的用原子筆畫上眼睛。

紙型（實物大小）
・指定以外裁切

紙型（實物大小）
時鐘的表盤
・裁剪

〈廚房時鐘〉

〈兒童時鐘〉

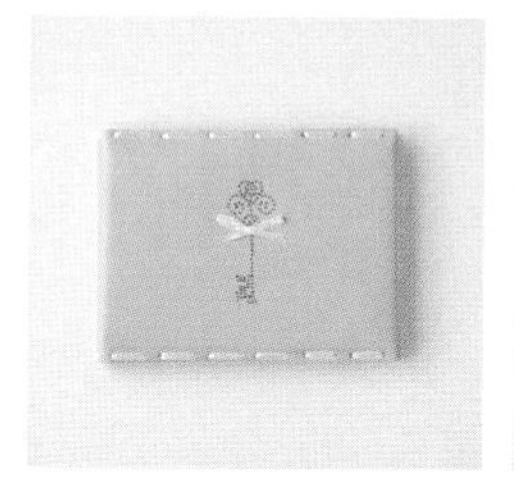

相本書套

圖片 » 第40、41頁

材料及用具(一件份)

皮革/牛皮　厚度1.3mm　藍色或粉紅色53cm×15cm
蝴蝶結/寬4mm的天鵝絨蝴蝶結白色或粉紅色100cm
其他/現成的相簿(硬殼4×6相片一層)、打洞器　直徑1mm　3mm
※用具請參照第54、55頁準備必須用具。

完成品尺寸

19cm×15cm

作法

❶將皮革剪裁成指定的大小。
❷將CMC塗在皮革的內面，用玻璃板塗開讓內面滑順。
❸將圖案紙型用夾子固定在本體的前面中央以免移位，用菱錐將圖案畫在皮革上(圖片a)。
❹用直徑1mm的打洞器沿著畫好的圖案打洞(圖片b)。穿蝴蝶結的孔洞為3mm。
❺如圖般在摺邊塗上接著劑，反摺黏起來。
❻用圓規在上下邊緣2mm的位置畫線，用菱錐在線上打出穿蝴蝶結的洞的位置。
❼沿著❻的記號(記號的內側)用直徑3mm的打洞器打洞。
❽將蝴蝶結的一端打結，穿過❼的洞。穿過之後也打結剪斷。將打結的線頭用接著劑固定。
❾鑰匙、小熊也綁上蝴蝶結裝飾。

5.
6.5cm
寬4mm左右
15cm
(內面)
40cm
6.5cm
部份塗上接著劑
左右都一樣

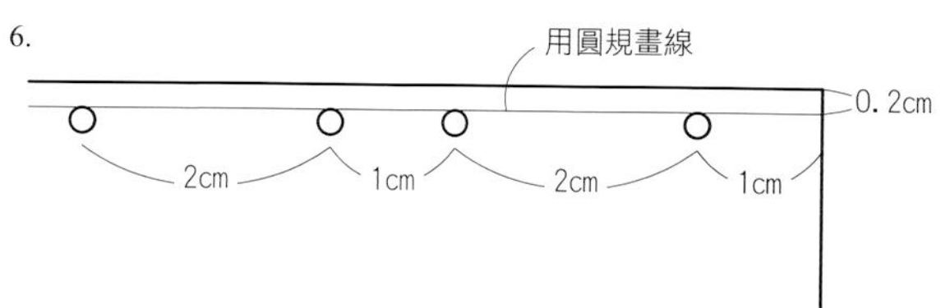

圖案
・放大125%使用

a 沿著圖案的線條輕輕的打洞。

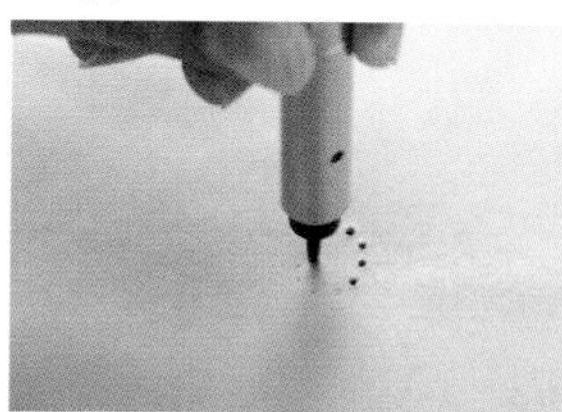

b 洞與洞之間間距要相等。

零錢包

圖片 » 第43頁

材料及用具

皮革/豬皮　白色14cm×10cm二張、苔綠色　各適量
布/棉織品14cm×20cm、提把用鋪棉14cm×20cm
其他/零錢包金屬卡口　長軸7.5cm的半圓形、吊飾繩子、紙繩13cm二條、皮革用針、車縫線30號　白色　褐色　綠色
※用具請參照第54、55頁準備必須用品

完成品尺寸

參照紙型

作法

❶將皮革、布、提把用鋪棉依紙型剪裁。
❷將貼布貼在本體上，用菱錐鑽出貼布和刺繡的針眼。
❸縫上貼布及刺繡。線頭打結用接著劑固定。
❹將提把用鋪棉裝在❸的內面。(用中溫的熨斗，下面墊上墊布)
❺將❹正面朝內相對，在縫份的邊緣3mm處塗上接著劑黏起來。
❻用縫紉機將❺縫起來，翻回正面。車縫的頭尾都要回針縫。
❼內裡也一樣用接著劑黏上去並用縫紉機縫起來。
❽將本體和內裡的兩邊如圖般反摺，用接著劑黏起來。
❾將本體和內裡正面向外重疊，袋口的邊緣塗上接著劑黏起來。
❿將❾沒有貼芯的部份摺進內側，摺出摺縫。
⓫裝上口金。裝法請參照第74、93頁。
⓬製作墜飾裝在口金上。

8.

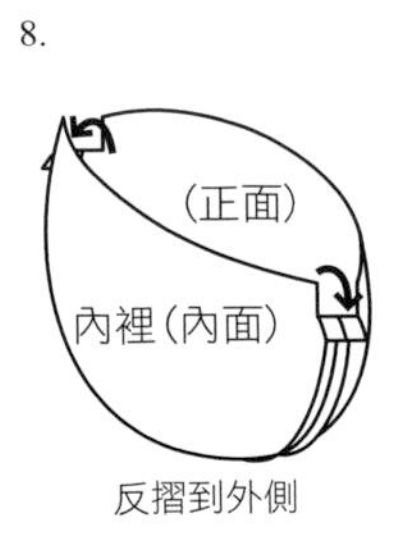

10.

將沒有貼芯的部份摺到內側

11.

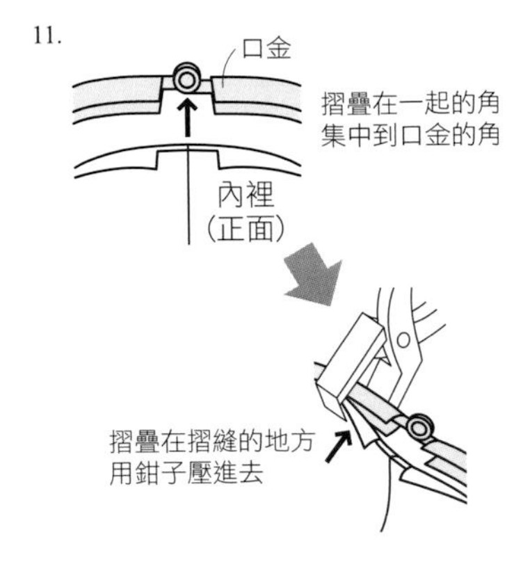

12. 墜飾的作法

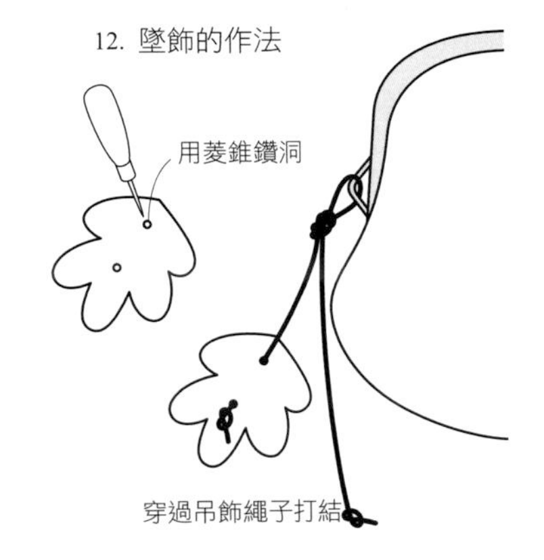

紙型
・裁剪
・放大125%使用

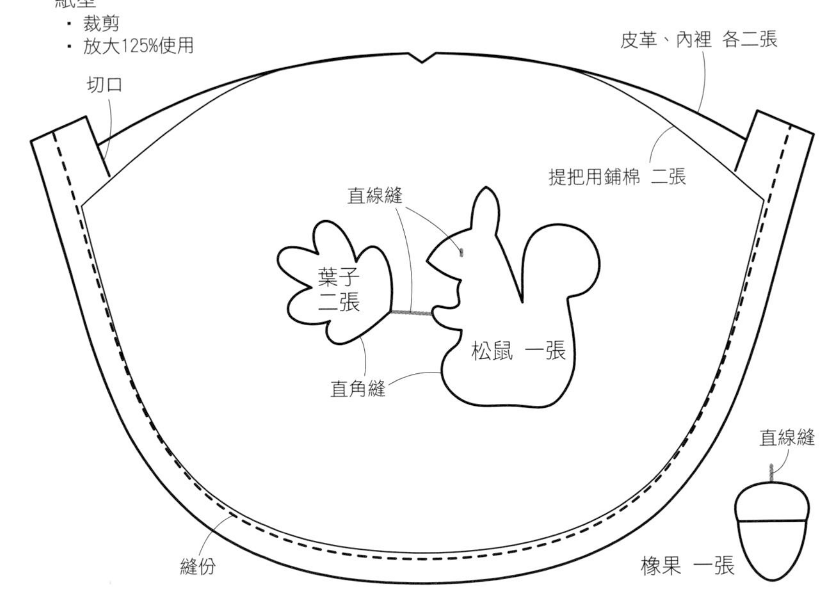

印鑑盒

圖片 » 第43頁

材料及用具

皮革/小牛皮　紫色　豬皮　粉紅色 各8cm×10cm、貼布用　豬皮　牛皮適量

布/接著芯 9cm×8cm

其他/零錢包口金　長軸8.4cm的圓角印鑑盒、紙繩15cm二條、皮革用針、車縫線30號　紫色　粉紅色　綠色、直徑3mm的打洞器

※用具請參考第54、55頁，準備必需品。

完成品尺寸

參照紙型

作法

❶將皮革、接著芯依照紙型剪裁。

❷將接著芯貼在本體的內面，用打洞器打出圖案的洞。

❸將貼布的皮革貼在❷，用菱錐刺繡，打出貼布縫的洞。

❹縫上貼布及刺繡。線頭打結並用接著劑固定。

❺將本體的兩邊摺起來用接著劑固定(圖片a)。內層皮革也將兩邊往裡面摺。

❻將本體和內層皮革正面向外重疊，邊緣一圈用接著劑黏起來(圖片b)。

❼用磨緣器將皮革用金屬接著劑塗進口金的溝槽內(圖片c)。

❽將❼的邊緣插進❻，所有剪開的部份都塞進去(圖片d)。

❾將紙繩的末端稍微摺起來，用鉗子塞進金屬卡口(圖片e)。

❿用鉗子夾緊金屬卡口的兩端(圖片f)。

紙型(實物大小)
・裁剪

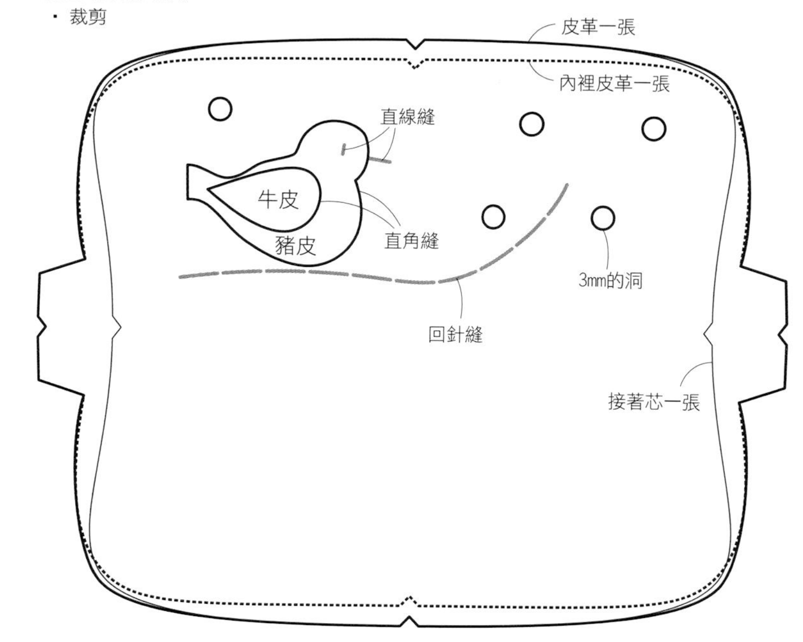

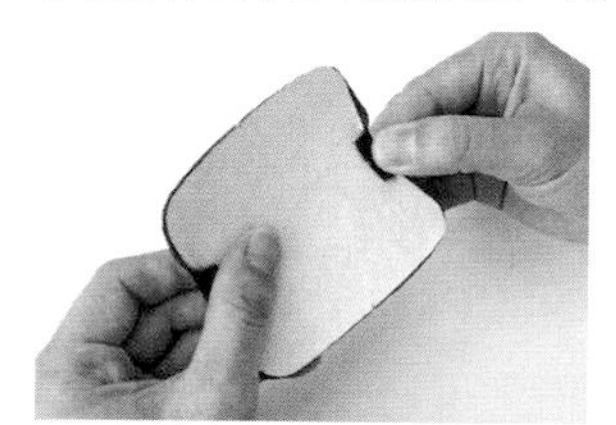

a 印鑑盒旁邊的重要部份。(實際上本體上有圖案的洞、貼布、刺繡的痕跡)。

b 塗接著劑之前。

豬皮稍微凸起來的感覺。

c 全部塗上接著劑。

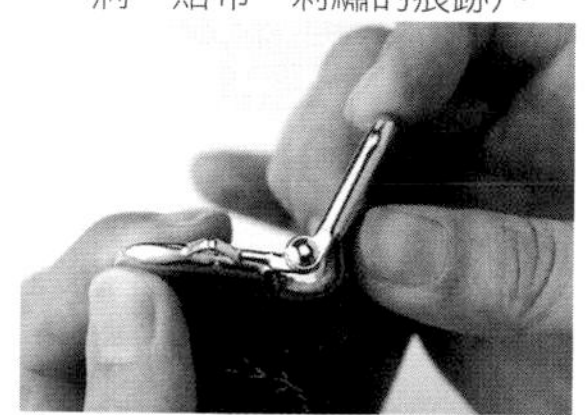

d 稍微鼓起來。因為有反摺，所以可以不用縫。

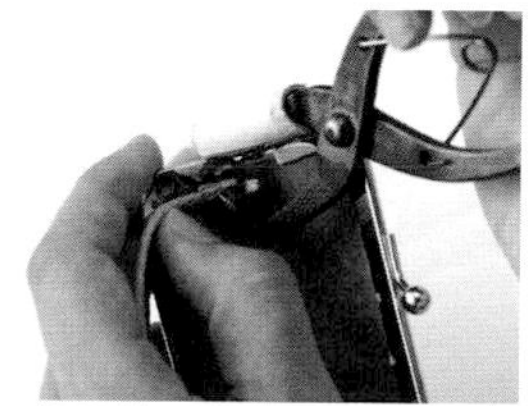

e 繩子的一端和口金的角合在一起。

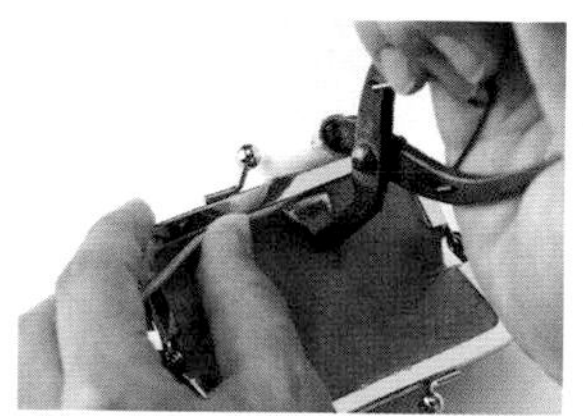

注意不要鬆掉。最後也反摺塞進口金的角內。

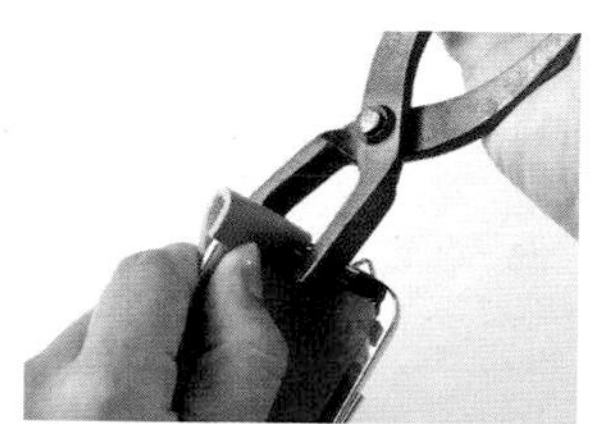

f 包住皮革之後從皮革上面夾緊以免磨損口金。

麂皮零錢包

圖片 » 第42頁

材料及用具

皮革/豬皮粉紅色 20cm×24cm
貼布用牛皮　淡綠色　褐色　粉紅色各適量、皮繩　寬1cm的深褐色 29.5cm
布/棉織品20cm×24cm、提把用鋪棉20cm×24cm
其他/零錢包口金　長軸12cm附半圓形單圈、問號頭1.4cm× 1cm附寬1cm的皮繩可穿過的單圈　D形環　內徑1cm　、鉚釘最小二個　、紙繩20cm二條、皮革用針　車縫線　30號　白色　褐色　粉紅色
※用具請參考第54、55頁準備必須用具。

完成品尺寸

參照紙型

作法

❶將皮革、布、提把用鋪棉依紙型剪裁。
❷將貼布貼在本體上，用菱錐鑽出貼布和刺繡的針孔。
❸貼上貼布及刺繡。線頭打結後用接著劑固定。
❹將提把用鋪棉貼在本體內面。(用中溫的熨斗，並墊上墊布)。
❺將本體正面朝內相對，在縫份的邊緣3mm處塗上接著劑黏起來。
❻將❺的兩邊和底部用縫紉機縫合後翻回正面。縫合的頭尾要用回針縫。
❼內裡也一樣用接著劑黏合後縫合。
❽將本體和內裡的兩邊反摺(參照第92頁・圖8)用接著劑黏起來。
❾將本體和內裡正面向外重疊，在袋口的邊緣塗上接著劑黏合起來。
❿將❾沒有貼芯的部份摺向內側，摺出褶子。
⓫裝上口金、裝法請參考第74、92、93頁。
⓬如圖般製作提把，安裝在口金。

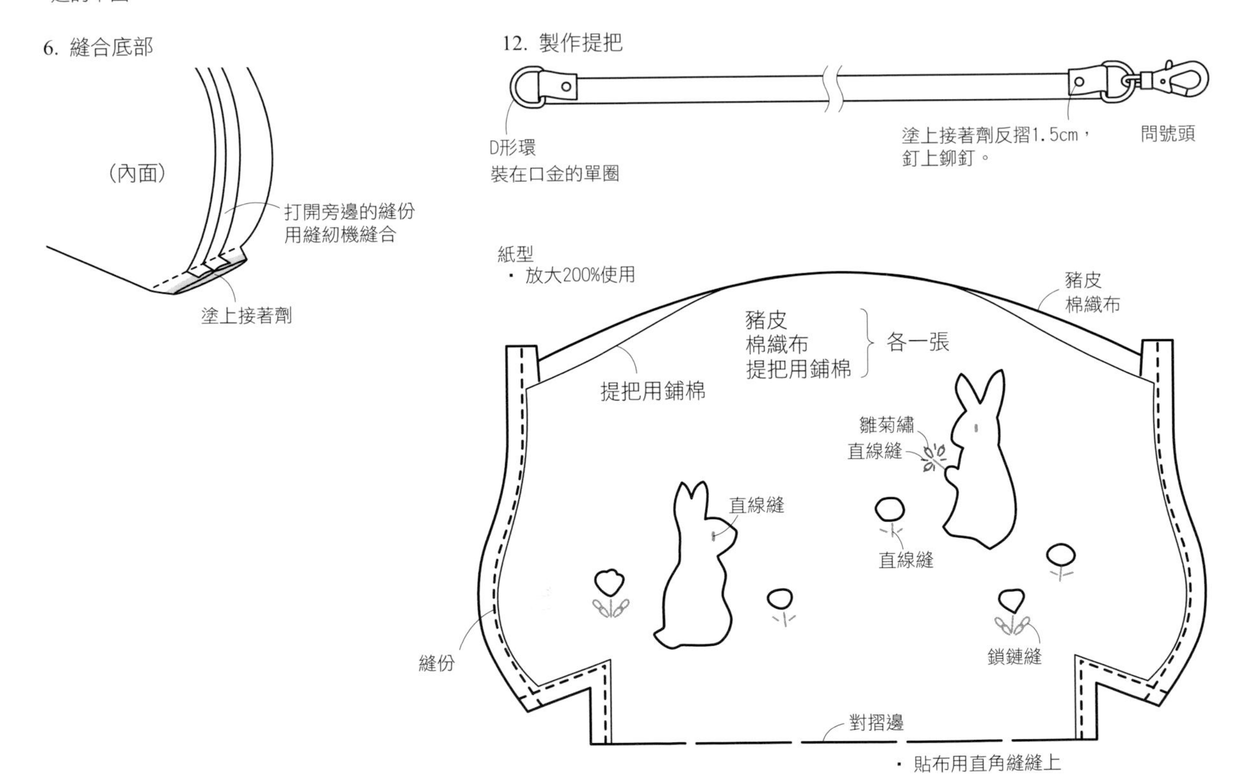

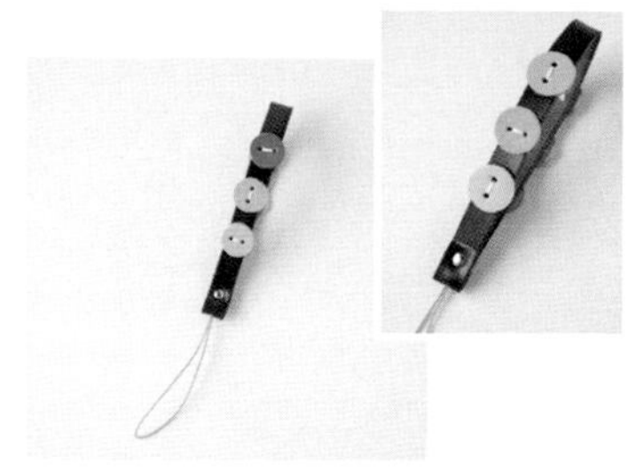

吊飾&手環

圖片 » 第33頁

〈吊飾〉

材料及用具

皮革/牛皮　直徑1.5cm 各種顏色(參照圖片) 各一張、鞣革　直徑1.5cm六張、皮繩寬1cm的深褐色 22.5cm

其他/吊飾繩15cm 、車縫線

※用具請參考第54、55頁準備必須用具。

完成品尺寸

長度約10.5cm(不含吊飾繩)

作法

❶製作鈕扣(參照第83頁)。

❷如圖般用菱斬和打洞器(直徑1.5mm)在皮繩上打洞。

❸將❶的鈕扣縫在❷上。線頭用接著劑固定。

❹將吊式繩穿過❸的兩端的洞。

❺將皮繩的兩端反摺，塗上接著劑打上鉚釘(圖片a、b、c)。

〈手環〉

材料及用具

皮革/豬皮　綠色4cm平方　黃色4cm×1.5cm、牛皮　綠色4cm平方　直徑2cm的橘色　直徑1.5cm的白色各二張、皮繩　直徑2mm的鞣革10cm、寬1cm的深褐色35cm

其他/30號的車縫線　橘色　綠色

※用具請參考第54、55頁準備必須用具。

完成品尺寸

長度約37cm

作法

❶在寬1cm的皮繩上打出直徑4mm的洞，穿過鞣革皮繩，如圖般處理。

❷如圖般製作花朵。

❸將綠色皮革照葉子紙型剪裁，用接著劑黏起來。

❹用單菱斬在❸的葉子和皮繩上打二個洞，縫合固定。線頭打結用接著劑固定。

❺製作花蕊，貼在花的中央。

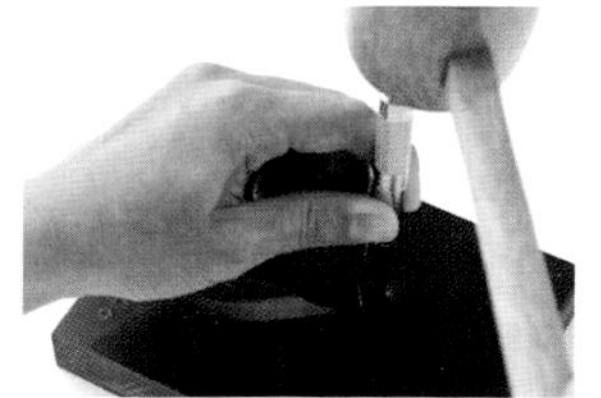

a 在要上鉚釘的地方打直徑2mm的洞。

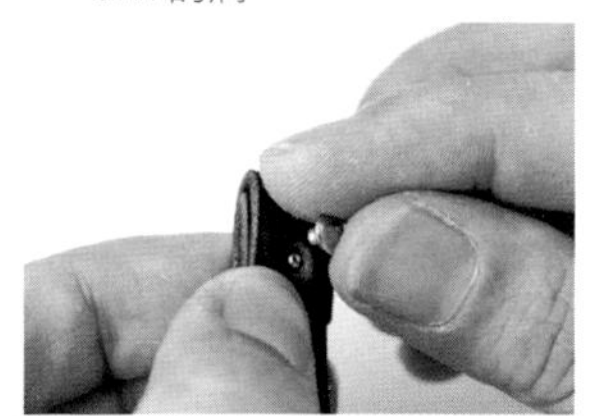

b 將鉚釘裝在洞上面。

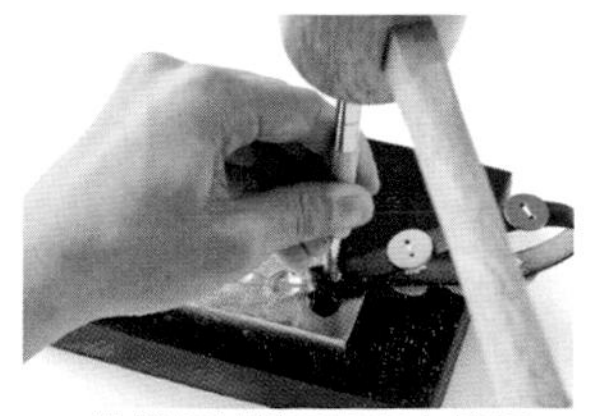

c 用鉚釘敲擊工具釘上鉚釘。

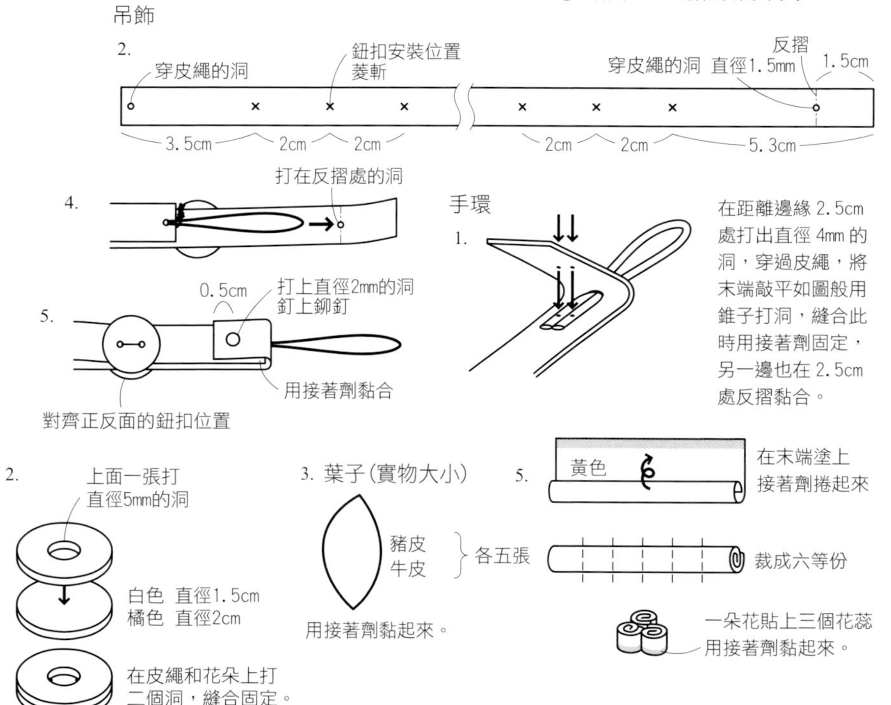